U0178747

NATURKUNDEN

讲述自然的故事

蝴 蝶

[德]安德烈娅·格里尔　著

聂立涛　译

北京出版集团
北京出版社

今天我们为什么还需要博物学？

李雪涛

一

在德文中，Naturkunde的一个含义是英文的natural history，是指对动植物、矿物、天体等的研究，也就是所谓的博物学。博物学是18、19世纪的一个概念，是有关自然科学不同知识领域的一个整体表述，它包括对今天我们称之为生物学、矿物学、古生物学、生态学以及部分考古学、地质学与岩石学、天文学、物理学和气象学的研究。这些知识领域的研究人员称为博物学家。1728年英国百科全书的编纂者钱伯斯（Ephraim Chambers, 1680 — 1740）在《百科全书，或艺术与科学通用辞典》（*Cyclopaedia, or an Universal Dictionary of Arts and Sciences*）一书中附有《博物学表》（*Tab. Natural History*），这在当时是非常典型的博物学内容。尽管从普遍意义上来讲，有关自然的研究早在古代和中世纪就已经存在了，但真正的"博物学"

（Naturkunde）却是在近代出现的，只是从事这方面研究的人仅仅出于兴趣爱好而已，并非将之看作是一种职业。德国文学家歌德（Johann Wolfgang von Goethe, 1749—1832）就曾是一位博物学家，他用经验主义的方法，研究过地质学和植物学。在18—19世纪之前，自然史——博物学的另外一种说法——一词是相对于政治史和教会史而言的，用以表示所有科学研究。传统上，自然史主要以描述性为主，而自然哲学则更具解释性。

近代以来的博物学之所以能作为一个研究领域存在的原因在于，著名思想史学者洛夫乔伊（Arthur Schauffler Oncken Lovejoy, 1873—1962）认为世间存在一个所谓的"众生链"（the Great Chain of Being）：神创造了尽可能多的不同事物，它们形成一个连续的序列，特别是在形态学方面，因此人们可以在所有这些不同的生物之间找到它们之间的联系。柏林自由大学的社会学教授勒佩尼斯（Wolf Lepenies, 1941—　）认为，"博物学并不拥有迎合潮流的发展观念"。德文的"发展"（Entwicklung）一词，是从拉丁文的"evolvere"而来的，它的字面意思是指已经存在的结构的继续发展，或者实现预定的各种可能性，但绝对不是近代达尔文生物进化论意义上的新物种的突然出现。18世纪末到19世纪，在欧洲开始出现自然博物馆，其中最早的是1793年在巴黎建立的国家自然博物馆（Muséum national d'histoire naturelle）；在德国，普鲁士于1810年创建柏林大学之时，也开始筹备"自然博物馆"（Museum für Naturkunde）了；伦敦的自然博物馆（Natural History Museum）建于1860年；维也纳的自然博物馆（Naturhistorisches Museum）建于1865年。这些博物馆除了为大学的研究人员提供当时和历史的标本之外，也开始向一般的公众开放，以增进人们对博物学知识的了解。

德国历史学家科泽勒克（Reinhart Koselleck, 1923—2006）曾在他著名的《历史基本概念 —— 德国政治和社会语言历史辞典》一书中，从德语的学术语境出发，对德文的"历史"（Geschichte）一词进行了历史性的梳理，从中我们可以清楚地看出博物学/自然史与历史之间的关联。从历史的角度来看，文艺复兴以后，西方的学者开始使用分类的方式划分和归纳历史的全部知识领域。他们将历史分为：神圣史（historia divina）、文明史（historia civilis）和自然史

（historia naturalis）[1]，而所依据的撰述方式是将史学定义为叙事（erzählend）或描写（beschreibend）的艺术。由于受到基督教神学造物主/受造物的二分法的影响，当时具有天主教背景的历史学家习惯将历史分为自然史（包括自然与人的历史）和神圣历史，例如利普修斯（Justus Lipsius, 1547—1606）就将描述性的自然志（historia naturalis）与叙述史（historia narrativa）对立起来，并将后者分为神圣历史（historia sacra）和人的历史（historia humana）。科泽勒克认为，随着大航海时代的开始，西方对海外殖民地的掠夺，新大陆以及新民族的发现，使时间开始向过去延展。到了17世纪，人们对过去的认识就已不再局限于《圣经》记载的创世时序了。通过莱布尼茨（Gottfried Wilhelm Leibniz, 1646—1716）和康德（Immanuel Kant, 1724—1804）的努力，自然的时间化（Verzeitlichung）着眼于无限的未来，打开了自然有限的过去，也为人们历史地阐释自然做了铺垫。到了18世纪，博物

---

[1]　不论在古代，还是中世纪，拉丁文中的"historia"既包含着中文的"史"，也有"志"的含义，而在"historia naturalis"中主要强调的是对自然的观察和分类。近代以来，特别是18世纪至19世纪，"historia naturalis"成为了德文的"Naturgeschichte"，而"自然志"脱离了史学，从而形成了具有历史特征的"自然史"。

学（Naturkunde）慢慢脱离了史学学科。科泽勒克认为，赫尔德（Johann Gottfried Herder, 1744 — 1803）最终完成了从自然志向自然史的转变。

二

尽管在中国早在西晋就有张华（232 — 300）十卷本的《博物志》印行，但其内容所涉及的多是异境奇物、琐闻杂事、神仙方术、地理知识、人物传说等等，更多的是文学方面的"志怪"题材作品。其后出现的北魏时期郦道元（约470 — 527）著《水经注》、贾思勰著《齐民要术》（成书于533 — 544年间），北宋时期沈括（1031 — 1095）著《梦溪笔谈》等，所记述的内容虽然与西方博物学著作有很多近似的地方，但更倾向于文学上的描述，与近代以后传入中国的"博物学"系统知识不同。其实，真正给中国带来了博物学的科学知识，并且在中国民众中起到了科学启蒙和普及作用的是自19世纪后期开始从西文和日文翻译的博物学书籍。

尽管"博物"一词是汉语古典词，但"博物馆""博物学"等作为"和制汉语"的日本造词却产生于近代，即便是"博物志"一词，其对应上"natural history"也是在近代日本完成

的。如果我们检索《日本国语大辞典》的话，就会知道，博物
学在当时是动物学、植物学、矿物学以及地质学的总称。据
《公议所日志》载，明治二年（1869）开设的科目就有：和学、
汉学、医学和博物学。而近代以来在中文的语境下最早使用
"博物学"一词是1878年傅兰雅《格致汇编》第二册《江南制
造总局翻译系书事略》："博物学等书六部，计十四本"。将
"natural history"翻译成"博物志""博物学"，是在颜惠庆（W.
W. Yen, 1877 — 1950）于1908年出版的《英华大辞典》中。这
部辞典是以当时日本著名的《英和辞典》为蓝本编纂的。据日
本关西大学沈国威教授的研究，有关植物学的系统知识，实
际上在19世纪中叶已经介绍到使用汉字的日本和中国。沈教
授特别研究了《植物启原》（宇田川榕庵著，1834）与《植物学》
（韦廉臣、李善兰译，1858）中的植物学用语的形成与交流。
也就是说，早在"博物学"在中国、日本被使用之前，有关博
物学的专科知识已经开始传播了。

三

　　这套有关博物学的小丛书系由德国柏林的Matthes & Seitz
出版社策划出版的。丛书的内容是传统的博物学，大致相当

于今天的动物学、植物学、矿物学，涉及有生命和无生命，对我们来说既熟悉又陌生的自然。这些精美的小册子，以图文并茂的方式，不仅讲述有关动植物的自然知识，并且告诉我们那些曾经对世界充满激情的探索活动。这套丛书中每一本的类型都不尽相同，但都会让读者从中得到可信的知识。其中的插图，既有专门的博物学图像，也有艺术作品（铜版画、油画、照片、文学作品的插图）。不论是动物还是植物，书的内容大致可以分为两个部分：前一部分是对这一动物或植物的文化史描述，后一部分是对分布在世界各地的动植物肖像之描述，可谓是丛书中每一种动植物的文化史百科全书。

这套丛书是由德国学者编纂，用德语撰写，并且在德国出版的，因此其中运用了很多"德国资源"：作者会讲述相关的德国故事［在讲到猪的时候，会介绍德文俗语"Schwein haben"（字面意思是：有猪，引申意是：幸运），它是新年祝福语，通常印在贺年卡上］；在插图中也会选择德国的艺术作品［如在讲述荨麻的时候，采用了文艺复兴时期德国著名艺术家丢勒（Albrecht Dürer, 1471—1528）的木版画］；除了传统的艺术之外，也有德国摄影家哈特菲尔德（John Heartfield, 1891—1968）的作品《来自沼泽的声音：三千多年的持续近亲繁殖证明了我的种族的优越性！》——艺术家运用超现实主义的蟾蜍照片，来讽刺1935年纳粹颁布的《纽伦堡法案》；等等。除了德国文化经典之外，这套丛书的作者们同样也使用了对于欧洲人来讲极为重要的古埃及和古希腊的例子，例如在有关猪的文化史中就选择了古埃及的壁画以及古希腊陶罐上的猪的形象，来阐述在人类历史上，猪的驯化以及与人类的关系。丛书也涉及东亚的艺术史，举例来讲，在《蟾》一书中，作者就提到了日本的葛饰北斋（1760—1849）创作于1800年左右的浮世绘《北斋漫画》，特别指出其中的"河童"（Kappa）也是从蟾蜍演化而来的。

从装帧上来看，丛书每一本的制作都异常精心：从特种纸彩印，到彩线锁边精装，无不透露着出版人之匠心独运。因此，用这样的一种图书文化来展示的博物学知识，可以给读者带来独特而多样的阅读感受。从审美的角度来看，这套书可谓臻于完善，书中的彩印，几乎可以触摸到其中的纹理。中文版的翻译和制作，同样秉持着这样的一种理念，这在翻译图书的制作方面，可谓用心。

四

自20世纪后半叶以来，中国的教育其实比较缺少博物学的内容，这也在一定程度上造成了几代人与人类的环境以及动物之间的疏离。博物学的知识可以增加我们对于环境以及生物多样性的关注。

我们这一代人所处的时代，决定了我们对动植物的认识，以及与它们之间的关系。其实一直到今天，如果我们翻开最新版的《现代汉语词典》，在"猪"的词条下，还可以看到一种实用主义的表述："哺乳动物，头大，鼻子和口吻都长，眼睛小，耳朵大，四肢短，身体肥，生长快，适应性强。肉供食用，皮可制革，鬃可制刷子和做其他工业原料。"这是典型的人类中心主义的认知方式。这套丛书的出版，可以修正我们这一代人的动物观，从而让我们看到猪后，不再只是想到"猪的全身都是宝"了。

以前我在做国际汉学研究的时候，知道国际汉学研究者，特别是那些欧美汉学家们，他们是作为我们的他者而存在的，因此他们对中国文化的看法就显得格外重要。而动物是我们人类共同的他者，研究人类文化史上的动物观，这不仅仅对某一个民族，而是对全人类都十分重要的。其实人和动植物之间有着更为复杂的关系。从文化史的角度，对动植物进行描述，这就好像是在人和自然之间建起了一座桥梁。

拿动物来讲，它们不仅仅具有与人一样的生物性，同时也是人的一面镜子。动物寓言其实是一种特别重要的具有启示性的文学体裁，常常具有深刻的哲学内涵。古典时期有《伊索寓言》，近代以来比较著名的作品有《拉封丹寓言》《莱辛寓言》《克雷洛夫寓言》等等。法国哲学家马吉欧里（Robert Maggiori, 1947— ）在他的《哲学家与动物》（*Un animal, un philosophe*）一书中指出："在开始'思考动物'之前，我们其实就和动物（也许除了最具野性的那几种动物之外）有着简单、共同的相处经验，并与它们架构了许许多多不同的关系，从猎食关系到最亲密的伙伴关系。……哲学家只有在他们就动物所发的言论中，才能显现出其动机的'纯粹'。"他进而认为，对于动物行为的研究，可以帮助人类"看到隐藏在人类行径之下以及在他们灵魂深处的一切"。马吉欧里在这本书中，还选取了"庄子的蝴蝶"一则，来说明欧洲以外的哲学家与动物的故事。

五

很遗憾的是，这套丛书的作者，大都对东亚，特别是中国有关动植物丰富的历史了解甚少。其实，中国古代文献包含了极其丰富的有关动植物的内容，对此在德语世界也有很多的介绍和研究。19世纪就有德国人对中国博物学知识怀有好奇心，比如，汉学家普拉斯（Johann Heinrich Plath, 1802 — 1874）在1869年发表的皇家巴伐利亚科学院论文中，就曾系统地研究了古代中国人的活动，论文的前半部分内容都是关于中国的农业、畜牧业、狩猎和渔业。1935年《通报》上发表了劳费尔（Berthold Laufer, 1874 — 1934）有关黑麦的遗著，这种作物在中国并不常见。有关古代中国的家畜研究，何可思（Eduard Erkes, 1891 — 1958）写有一系列的专题论文，涉及马、鸟、犬、猪、蜂。这些论文所依据的材料主要是先秦的经典，同时又补充以考古发现以及后世的民俗材料，从中考察了动物在祭礼和神话中的用途。著名汉学家霍福民（Alfred Hoffmann, 1911 — 1997）曾编写过一部《中国鸟名词汇表》，对中国古籍中所记载的各种鸟类名称做了科学的分类和翻译。有关中国矿藏的研究，劳费尔的英文名著《钻石》（*Diamond*）依然是这方面最重要的专著。这部著作出版于1915年，此后门琴－黑尔芬（Otto John Maenchen-Helfen, 1894－1969）对有关钻石的情况做了补充，他认为也许在《淮南子》第二章中就已经暗示中国人知道了钻石。

此外，如果具备中国文化史的知识，可以对很多话题进行更加深入的研究。例如中文里所说的"飞蛾扑火"，在德文中用"Schmetterling"更合适，这既是蝴蝶又是飞蛾，同时象征着灵魂。由于贪恋光明，飞蛾以此焚身，而得到转生。这是歌德在他的《天福的向往》（Selige Sehnsucht）一诗中的中心内容。

前一段时间，中国国家博物馆希望收藏德国生物学家和鸟类学家卫格德（Max Hugo Weigold，1886－1973）教授的藏品，他们向我征求意见，我给予了积极的反馈。早在1909年，卫格德就成为了德国鸟类学家协会（Deutsche Ornithologen-Gesellschaft）的会员，他被认为是德国自然保护的先驱之一，正是他将自然保护的思想带给了普通的民众。作为动物学家，卫格德单独命名了5个鸟类亚种，与他人合作命名了7个鸟类亚种。另有大约6种鸟类和7种脊椎动物以他的名字命名，举例来讲：分布在吉林市松花江的隆脊异足猛水蚤的拉丁文名字为：Canthocamptus weigoldi；分布在四川洪雅瓦屋山的魏氏齿蟾的拉丁文名称为：*Oreolalax weigoldi*；分布于甘肃、四川等地褐顶雀鹛四川亚种的拉丁文名为：*Schoeniparus brunnea weigoldi*。这些都是卫格德首次发现的，也是中国对世界物种多样性的贡献，在他的日记中有详细的发现过程的记录，弥足珍贵。卫格德1913年来中国进行探险旅行，1914年在映秀（Wassuland，毗邻现卧龙自然保护区）的猎户那里购得"竹熊"（Bambus-bären）的皮，成为第一个在中国看到大熊猫的西方博物学家。卫格德记录了购买大熊猫皮的经过，以及饲养熊猫幼崽失败的过程，上述内容均附有极为珍贵的照片资料。

　　东亚地区对丰富博物学的内容方面有巨大的贡献。我期待中国的博物学家，能够将东西方博物学的知识融会贯通，写出真正的全球博物学著作。

2021 年 5 月 16 日

于北京外国语大学全球史研究院

目录

画　像

我在过去15年里用大部分时间研究了一种蝴蝶，第一张流传下来的关于它的画像可以在马德里普拉多博物馆收藏的一幅油画中看到。耶罗尼米斯·博斯[1]（Hieronymus Bosch）1490年前后创作了《人间乐园》（*Gartens der Lüste*）三联画，其中一个场景叫"地狱之翼"，画的是一只长着蝴蝶翅膀的鸟或者说是一只长着鸟头的蝴蝶正在攀爬一把梯子最底下的横杆，但它临时停住，把头转向了一个裸体小人。小人的身高和这只"蝴鸟"或者说"鸟蝶"的身高相仿，他有些绝望地把手挤在两腿中间。那只动物似乎在和他说话并安慰他。它的翅膀显然和雌莽眼蝶（德文名：Ochsenauge，学名：*Maniola jurtina*，英文名：Meadow brown）的翅膀一样。翅膀画得很逼真，好像这只动物接下来就能飞向空中。博斯的油画用这样不太引人注目的细节展示了人和蝴蝶之间关系的一些本质。

1　耶罗尼米斯·博斯（1450—1516），荷兰画家。——译者注

曾经有一个色彩斑斓的东西，

即所谓的蝴蝶，

它飞起来和其他所有同类一样，

对自己的年龄一点也不感到忧伤。

就像大约500年后海因茨·艾哈特[1]（Heinz Erhardt）所作诗歌描写的那样，博斯画的蝴蝶似乎在某些方面胜过了它面对的小人。同时清楚的一点是，它只是短暂停留：这只动物长着鸟头和翅膀，预示着它能以两种方式飞走——尽管我们看到它的那一刻，它被画家固定到了梯子底端的地面上。

它这儿吸一口，那儿吸一口，

吸饱后就继续飞走，

飞向风信子，

不再回头。

我们羡慕蝴蝶无忧无虑。在我们的想象中，它象征着生

1　海因茨·艾哈特（1909—1979），德国音乐家、演员。——译者注

安慰裸体小人？耶罗尼米斯·博斯 1500 年前后所画《人间乐园》三联画中的"地狱之翼"细节描绘

命之轻、夏天、温暖。几乎没有人憎恨蝴蝶，尽管极少数人患有蝴蝶恐惧症。他们看到蝴蝶会吓得大喊着逃跑。他们或许认为，谚语所说的无忧无虑只能是指蝴蝶的重量：一只欧洲蝴蝶重约100～200毫克，比一片生菜叶还轻。

蝴蝶感觉怎样？它能以某种方式感知吗？"我觉得怎样？"我们人类总是问这样的问题，"我还好吗？"因此，人类认为其他生物也能"感知"。

结果，

当这只蝴蝶被捉住，

它感到非常惊讶。

艾哈特的这首诗好像是为诗集或类似东西所作。该诗以喜剧性的方式，或许以悲剧性的方式结尾。我们还不知道那只蝴蝶后来怎么样了。它暂时感到惊讶。蝴蝶能够感到惊讶吗？它能像第一段所说的那样无忧无虑吗？能像它的行动方式预兆的那样无忧无虑吗？

"Ψυχη"是蝴蝶的古希腊文写法，意思大概指灵魂、呼吸、气息。但蝴蝶有灵魂吗？

蝴蝶曾经被视为死者的灵魂。那还是在只有极少数人知道色彩斑斓的"飞动花朵"和草丛中的绿虫子是同一种生物的时代。"Πεταλουδες"是蝴蝶的现代希腊文写法，意思是"飞动的花朵"。直至17世纪末甚至更晚的时候，只有少数仔细研究蝴蝶的人才知道它的各个变态阶段。收集和喂养蝴蝶的研究者在广大民众眼中就像疯子和巫婆。1647年生于法兰克福的玛利亚·西比拉·梅里安(Maria Sibylla Merian)就是这样的人。她是那个时代最著名的自然写实画家之一，因为细致描绘了蝴蝶的各种形态 —— 从卵到幼虫到蛹再到刚刚羽化出的蝴蝶 —— 而出名。

但是，像玛利亚·西比拉·梅里安这样的人也为下列知识的传播做出了贡献：蝴蝶在分类学上所属的昆虫种类在生命过程中要经过变化，即我们常说的"变态"。因为梅里安的大部分图书是以德文而非拉丁文出版，而且作为刺绣图案和绘画图案是以妇女为目标读者的，所以其读者通常缺乏这种专业知识。而她在专业圈最初没有受到特别重视，并被视为业余爱好者。

也因为她是女性，这才使她没有立即得到承认。蝴蝶研究者、德国戏剧作家和导演格奥尔格·弗里德里希·特赖奇克 [Georg Friedrich Treitschke（1776 — 1842）] 在1840年写到了梅里安。即便她属于"更温和更安静的女性"，特赖奇克也以自己特有的方式对她表示赏识：

> 我们也遇到少数充满激情去搞上述研究的女性，她们始终拥有堪比男人那样强大的精神并坚持不懈地追求自己的目标。虽然这在女性中只是例外，但玛利亚·西比拉·梅里安却具备这些秉性……

女性在科学界往往被低估。如今著名的鳞翅目研究者玛利亚·西比拉·梅里安在 17 世纪中期描画了草丛中的绿虫子，并声称它们是蝴蝶，当时她被视为疯子

　　特赖奇克在他所著的《欧洲蝴蝶自然史I. 蝴蝶》(*Naturge-schichte der europäischen Schmetterlinge. I. Tagfalter*)卷首加上了一张"肖像"和一篇《M. 梅里安生平事略》。他还发表她的绘画；作为对她的崇敬，他甚至把她的名字加到标题中。

　　特赖奇克本人和他的朋友 —— 演员费迪南德·奥克森海默（Ferdinand Ochsenheimer），都是18世纪和19世纪最重要的鳞翅目学科即蝴蝶学科的重要研究者。两人在特赖奇克的出生地莱比锡相遇，当时奥克森海默在宫廷剧院当演员。奥克森海默自童年时代起就对蝴蝶表现出极大兴趣，而特赖奇克的这种激情却主要受到朋友激发。因为医生建议两人呼吸新鲜空气以便从疲劳状态中恢复过来，所以他们移居到维也纳。在那里，他们受雇于当地的宫廷剧院，其中一人当导演和舞台诗人，另一人当演员。他们经常到维也纳郊外旅行。奥克森海默因为健康原因减少了演出，同时致力于编写多卷本《欧洲蝴蝶》(*Die Schmetterlinge von Europa*)。但该书内容太为丰富，直至他死后多年才由朋友特赖奇克编写完毕。特赖奇克在1811年至1814年间除了受雇于宫廷剧院（今天的维也纳城堡剧院）外，甚至还担任维也纳剧院的院长。两人都和约翰·沃尔夫冈·冯·歌德（Johann Wolfgang von Goethe）

有过至少算是松散的联系。奥克森海默本人也会见过弗里德里希·席勒（Friedrich Schiller）。奥克森海默在席勒所写的一个戏剧中扮演角色后，席勒对他的演技大加赞扬。

两人给歌德和席勒寄过文学作品，其中包括舞台剧、音乐剧和歌剧，特赖奇克为贝多芬歌剧《费德里奥》（Fidelio）所写的剧本是当时最出名的版本。尽管如此，他在昆虫学领域的名声显然比在戏剧界更持久。

奥克森海默从1817年开始整理维也纳自然博物馆收藏的蝴蝶。当他的健康状况恶化后，他的朋友特赖奇克继续这项工作，并在他死后把这项工作做完。这样一来，他们就通过描述蝴蝶及其幼虫、寄主植物和生活方式，让人们系统地了解了当时对欧洲蝴蝶的认知程度 —— 不仅能了解蝴蝶，而且还尤其能了解蛾子的多样性。

我本人和他们相遇是在奥地利国家图书馆收藏的这两人的手稿中。该馆收藏了这两位鳞翅目研究者出版物的大部分手稿，例如1840年出版的带有梅里安插图的那部作品。他们两人收藏的蝴蝶标本加起来超过1万件，都卖给了布达佩斯的匈牙利国家博物馆。

早在梅里安之前2000年就有另外一个业余爱好者仔细描

述了昆虫的变态：亚里士多德（Aristoteles）。即便我现在满怀敬意地称他为"业余爱好者"——因为蝴蝶只是他所研究的大量事物和问题中的一个对象，他也是我们知道的首位动物学家：据说他是首位系统研究生物多样性并尝试把它们与类似个体进行分类的学者。从这个意义上说，是他创立了分类学，即把生物按照相似性原则进行类别划分的系统学。大象看上去更像海牛而不像蚊子，因此与前者而非与后者有更近的亲缘关系。生物学至今都是建立在这个原则上的。

我们把类似的生物划为一类并统一命名。蝴蝶的德文写法是"Schmetterling"，这是一个怎样的名字啊！这个词来源于德国东中部地区词汇"Schmetten"和德国南部地区词汇"Schmette"，它们都是指高山牧场上用来制作黄油的乳脂。因为草地上竖起的黄油桶中的白色乳脂吸引来蝴蝶，所以人们给这种昆虫取名为"Schmetterling"，其字面意思就是黄油飞虫，和蝴蝶的英文写法"butterfly"有异曲同工之妙。

亚里士多德对昆虫有很大兴趣，把它们称为"εντομα"。他是首位把昆虫从其他生物中单分为一类的学者："但我把所有身体上不论背面还是正面有分节的动物都称为εντομα。"从根本上说，昆虫"业余爱好者"亚里士多德是第一位昆虫学

德国奥格斯堡人雅各布·许布纳[1]（Jacob Hübner）1785 年出版了一卷蝴蝶铜版画，受到自然研究者的高度评价。这里是他画的雌莽眼蝶和雄莽眼蝶

家。他对昆虫变态有很深的理解。但他在教人们了解昆虫变态的同时也教授自然生殖理论，认为昆虫（也是）由没有生命的物质生成的。这两种想法（在我们看来）不一定能很好地并存，但对他来说却不存在矛盾。

　　虽然他观察到昆虫会变成一种蛋 —— 他指的是蛹 ——

1　雅各布·许布纳（1761—1826），德国昆虫学家。——译者注

且从中羽化出蝴蝶，但昆虫从何而来对他来说是个谜，就像他也显然没有观察到蝴蝶的交配。他在论文《动物之生殖》（*De geneoatione animalium*）中写道：

> 所谓"仙女蝶"（蝴蝶）是从"蠋"生成的，蠋是生长在绿叶上的，主要是在"拉芳诺"——有些人称为"包菜"——叶上。原先，不够一颗稷粒那么大；继而成为一条小蛆；三日之内这又变为一条小蠋；随后它继续长大，而又骤然静息，换却形貌，这时改称为一只"蛹"。蛹的外皮是硬的，你倘予触动，它也有感应。它自系于网丝；不具备口和其他明显可识的器官。隔一会儿，外皮开拆，一只有翼的生物飞出来了，这个我们就叫它"仙女"（蝴蝶）。当它原先是一条蠋时，它既进食，也要排泄；但一朝转成了蛹，它便不饮不食，也不排泄。[1]

---

1 亚里士多德：《动物之生殖》。引自威廉·卡佩勒（Wilhelm Capelle）在《莱茵语文学博物馆》（*Rheinisches Museum*）第98卷（1955）第150—180页刊登的论文《亚里士多德和泰奥弗拉斯托斯及之后时代的自然生殖问题》（*Das Problem der Urzeugung bei Aristoteles und Theophrast und in der Folezeit*）。这段引言在该杂志第154页。（这段译文引自商务印书馆2010年出版的吴寿彭所译亚里士多德《动物志》。——译者注

可能因为亚里士多德的认识存在矛盾，故而后来就被人们遗忘了，无论如何没有在广大民众中流传开来。它们在文艺复兴以后才被重新发现。

昆虫变态的知识绝非毫无意义。蝴蝶是否无忧无虑这个问题也同样不是没有太大意义。或许在人类观察者看来它是无忧无虑的，这种观察导致了本文开头引用的海因茨·艾哈特诗歌的第二段。

像昆虫这样的动物和我们是如此不同，关于它们的任何想法都会给一位科学家带来更多问题而非答案。我在过去15年里研究耶罗尼米斯·博斯所画的漂亮的莽眼蝶时，情况也是如此。

相　遇

我不像其他学者经常所说的那样是在童年首次遇到蝴蝶的。童年时代，我对昆虫并不感兴趣。当我还是孩子的时候，我像大多数孩子那样喜欢一只狗、一只猫、一条鱼或一只鸟。我从未思考过蝴蝶，我甚至从未采集过一只甲壳虫。仔细观察蝴蝶是我22岁时的事情，而且那还不是一见钟情。

一个少女是怎样变成蝴蝶研究者的？玛利亚·西比拉·梅里安从11岁就开始画甲壳虫和蝴蝶，制作精美的铜版画，同时也养蚕。她的晚年作品《苏里南昆虫变态图谱》[1]（*Metamorphosis insectorum Surinamensium*）是总结她对当时荷兰殖民地苏里南昆虫研究的一部简编。她在该书序言中写道：

> 我从青年时代就开始研究昆虫。最初，我是在出生城市法兰克福从蚕开始入手研究的。之后我发现，其他种类的虫子能比蚕羽化出更美丽的蝴蝶和蛾子。

---

[1] 玛利亚·西比拉·梅里安：《苏里南昆虫变态图谱》，美因河畔法兰克福1992年出版（最早是1705年在阿姆斯特丹出版的）。

玛利亚·西比拉·梅里安描绘了蝴蝶的各个变态阶段及其寄主植物。这种南美蚕蛾是她在苦柑上观察到的

那促使我收集我能找到的各种虫子，去观察它们的变化。我因而脱离人类社会，投身于这些研究。

　　弗拉基米尔·纳博科夫[1]（Vladimir Nabokov）是一位富有激情的鳞翅目研究者。据说他成为著名作家后最大的愿望仍然是做一家博物馆的昆虫标本收藏管理员。还有一个说法是，他大病初愈后母亲送给他一部《俄罗斯帝国鳞翅目大全》（*Schuppenflügler des Russischen Reichs*），他从此开始了对稀有蝴蝶的终生热爱。他一生至少描写过20种蝴蝶，制作蝴蝶插图，并画了大量臆造的蝴蝶图案，其中有一幅是送给他妻子薇拉的。据说他们两人第一次见面时薇拉还戴着小丑面具。纳博科夫把送给薇拉的臆造的蝴蝶称为"*Arlequinus arlequinus*"，他还特地在图案下面画了那是一只雄性蝴蝶的标记。

　　我是怎样成为蝴蝶研究者的呢？那始于这样一件事情：我在萨尔茨堡大学学习期间向该校一位教授说，我的毕业论文想研究海豚。他没有太明显地把头从左摇向右，先是什么话都没说。我继续说，要不研究水獭。我已经为此建立了联

1　弗拉基米尔·纳博科夫，1899 年 4 月 23 日出生于俄罗斯圣彼得堡，俄裔美籍作家。——译者注

系，并确定沿一条意大利河流观察水獭。这位教授依然没有被打动，他的专业领域是食蚜虻科，那是很难研究的一类昆虫。它们长得非常像，确定它们的种类必须使用显微镜，而且只有少数专家才能够真正分清它们。

"无论如何我想研究不需借助工具就能看清的东西。"我说。

他赞同地点了点头，然后开始向我解释，为什么哺乳动物不是值得研究的对象 ——"海豚或者水獭，"他说，"即便你长年研究，也不一定发现它们。你可能会好几周才能看到它们一次，其间你只能等待。如果你研究水獭，你将主要观察它们的消化物，你整天沿着河流走，寻找它们的排泄物。这是你感兴趣的事情吗？"

我承认，这的确不是我对科学研究的理想印象。

"那么就研究昆虫吧，"这位教授开始夸赞他的研究领域，"昆虫非常适合提出所有问题。尤其因为有那么多昆虫。"

"但我想研究可以很好拍照的昆虫。"

"研究蝴蝶吧，"这位教授回答说，"蝴蝶很容易确定身份，种类很多，但也不是太过繁多，它们是贴近自然的生活环境的良好指标。我在希腊有个同事正寻找能到一个自然保护区记录蝴蝶的人。你可以就此为你的毕业论文设计研究问题。"

我点头同意了，或许一点也不兴奋。此刻，这次偶然谈话开启了我研究蝴蝶的生涯。

为什么在那个时候这是一种有障碍的爱好？原因在于这种生物的本质，在于该教授对我所讲的这种生物的巨大优势——它们简直太多了。我只有一个人去数它们，此前还应该迅速确定它们的种类。我开始这项工作时，它们围绕我飞舞，蚊子围着我嗡嗡叫，库尔德难民祈求搭车，蜥蜴在草丛中穿行，偶尔还有蝰蛇出现。

我住的那个地方在希腊北部，位于罗多彼山脉[1]（Rhodopen），离土耳其边界只有几公里，离保加利亚边界只有半个小时车程。在我即将前往希腊之前，我获得了驾照并买了一辆红色菲亚特乌诺（Uno）汽车。考驾照时我22岁，是年龄最大的一个。当我告诉考官我为什么无论如何都需要驾照后，他对我表现出极大信任。我说我要开车去希腊研究蝴蝶。他让我把车开出车库，在出口斜坡上停住，然后坡起，他对我的表现感到很高兴。到了街道上以后，他就不太高兴

1　罗多彼山脉，地处欧洲东南，其面积的83%以上都在保加利亚南部，其余部分在希腊。——译者注

了，因为我在那里开得太慢。"那不是20世纪的开车风格！"他说，因为我的时速从未超过30公里。当我最终顺利完成停车动作后，我拿到了驾照，可以驾驶新买的旧车去希腊了。

我开车到了意大利威尼斯，在那里坐渡轮到了希腊伊古迈尼察（Igoumenitsa），然后我将继续行驶至希腊最东北部的达迪亚（Dadia），那是与土耳其和保加利亚接壤的三角地带。我有一位家住希腊塞萨洛尼基（Thessaloniki）的女博士生的电话号码和我的教授认识的那位希腊女教授的电话号码。

那是1997年，我在家里用电子邮件联系的那位女博士生事先告诉我，在路上不要停留，一直开到塞萨洛尼基。因为这段路当时还没有扩建，只有曲折的山路，每开过一公里都觉得它变得更长。路上到处都是阿尔巴尼亚难民和库尔德难民，我只要下车就会被绑架，汽车就会被抢走用于继续逃难。

我没有下车。我开了一整夜，一直开到凌晨五点抵达塞萨洛尼基。

"不管什么时候，只要一到就立即给我打电话。"那位女博士生此前殷切地嘱咐我。我按照约定在一个电话亭里给她打了电话。让我非常吃惊的是，她立即接了电话，我们约好会面地点，一个小时后她把我带到一座我非常喜欢的公寓，从那里能看到整座城市和大海。那间房子是她朋友的，在接下来的两天时间里我几乎一直在睡觉，为继续前进恢复体力。

我研究蝴蝶的地方在达迪亚村附近，我偶尔看到那里的斜坡边上也站着库尔德难民。我是很想让他们搭车的，但在所有朋友都不停地警告我不要这么做后，我只携带了被我抓进塑料袋里的横穿沥青路的蛇。后来我把它们转交给了一名英国女大学生，她的毕业论文是研究达迪亚国家公园里的蛇。

我承认，我开始工作时最多只认识5种每个人都认识的蝴蝶：钩粉蝶（德文名：Zitronenfalter，学名：*Gonepteryx rhamni*）、欧洲粉蝶（德文名：Kohlweissling，学名：*Pieris brassicae*）、孔雀蛱蝶（德文名：Tagpfauenauge，学名：*Aglais io*）、金凤蝶（德文名：Schwalbenschwanz，学名：*Papilio machaon*）和优红蛱蝶（德文名：Admiral，学名：*Vanessa atalanta*）。但当我每天大部分时间都在蝴蝶社会里度过后，这种情况很快就改变了。我在几周时间内就从一个毫无专长的大学生变成了蝴蝶专家。

我居住的村子里的人都知道我是蝴蝶专家。他们给我带来在房顶上发现的死蝴蝶，或者从院子前面被汽车轮胎轧平

至少有一种蝴蝶每个人都认识——金凤蝶

的场地上捉住的蝴蝶。

　　我在短短几周内就日益爱上蝴蝶，不仅因为我对它们认识得越清楚就对它们越有好感，而且也因为它们对我也有很大好感。

　　当我因为研究它们而使得体内好像突然植入了蝴蝶的灵魂、背上好像长出了翅膀 —— 虽然看不见，但并没有因此减少任何光彩 —— 时，人们可以从我的研究对象推断出我的天性，用描述蝴蝶的诗句描述我：它飞起来和其他所有同类一样，对自己的年龄一点也不感到忧伤。

我还要承认：当时我也被色彩斑斓的翅膀吸引了，忘记了幼虫、蛹和卵。我当然没有真的忘记它们，只是不再想它们。我把精力都集中在研究能飞翔的成年蝴蝶的生活方式上。这些蝴蝶在我眼前毫无戒备地飞翔。在我研究蝴蝶的第一个夏天，我从未考虑寻找其他阶段的蝴蝶的存在形态。

热　情

　　我们研究动物时，是什么让我们感兴趣？纳博科夫对没有实际用处的鳞翅目领域充满热情。农业科学用途、医药用途甚或"消灭蔬菜害虫的阶级斗争"[1]都不令他感兴趣。从这方面说，他是个传统的蝴蝶研究者。他自己写道："只爱想象出来的和罕见稀有的东西；从遥远的梦中悄然经过的东西；被无赖判处死刑、为傻瓜所不容的东西。"[2]

　　真正的鳞翅目研究者是出于纯粹兴趣才研究它们的，是的，出于热爱或爱好，不去考虑这种研究是否对人类的共同生活或人类健康有实际用处。尽管如此，如果有一天他们发现这能带来医学革命，那也很好。但那不是他们的首要意

1　柳德米拉·乌利茨卡娅（Ljudmila Ulitzkaja）:《天空的背面》（*Die Kehrseite des Himmels*），甘娜－玛丽亚·布劳恩加特（Ganna-Maria Braungardt）从俄文翻译为德文。2015 年在慕尼黑出版，这句话引自该书第 26 页。

2　弗拉基米尔·纳博科夫：《天赋》（*Die Gabe*），安内洛雷·恩格尔－布劳恩施密特（Annelore Engel-Braunschmidt）从俄文翻译为德文。这句话引自1993 年在赖恩贝克出版的《弗拉基米尔·纳博科夫全集》第 5 卷（*Gesammelte Werke, Band V*）第 254 页。（这句译文引自译林出版社 2004 年出版的纳博科夫《天赋》第 163 页，朱健讯、王骏译。——译者注）

图，即便有时他们被迫强调或假装有这样的意图，以便让自己的研究获得资助。

他们关心的事情朴实而伟大。他们谋求理解生命，保留住并借此庆祝生命之美。当然他们多少也谋求自己的永生：通过发现一个或多个物种，然后用自己或自己亲近的人的名字去命名它们。这些人也包括他们尊敬的作家。

英国昆虫学家阿瑟·弗朗西斯·亨明（Arthur Francis Hemming，1893—1964）为了表示对弗拉基米尔·纳博科夫的尊重，把一种蝴蝶命名为"Nabokovia"。在纳博科夫深入研究的灰蝶科（德文名：Bläulinge，学名：Lycaenidae）中，有的种类甚至以他小说里的人物命名，例如安第斯山脉（Anden）所产的蝴蝶"Madeleinea lolita"是以他的小说《洛丽塔》女主人公桃乐莉·海兹的昵称"洛丽塔"命名的。布达佩斯自然历史博物馆的若尔特·巴林特（Zsolt Bálint）描述过这种蝴蝶。巴林特以某种方式继续了纳博科夫的工作。

纳博科夫本人给哈佛大学比较动物学博物馆（Museum of Comparative Zoology）当了几十年的科技工作志愿者。今天在那里还能看到他收集的蝴蝶。

除了收集标本外，所谓的专业动物学家（或许不只他们）感兴趣的事情还有整理。他们雄心勃勃，想给混乱的生物多样性带来秩序，并解答谁是谁以及谁和谁有亲属关系这样的问题。

我在大学时期的前几堂课中学习了分类学，背过了相关内容，后来又都忘记了。

对地球上森林、田野和水中跑动、游弋或者固定生长的繁杂生物进行归类整理，恰如给一个货架装上抽屉并贴上标签。就像在博物馆或收藏品中对它们进行整理，人们也可以在脑子里进行整理。

动物王国是一个大框架。动物是必须进食才能生存的生物。在这个框架内存在着两侧对称动物（Bilateria），它们的身体分为前后两段，身体中轴线贯穿前后。它们有嘴。它们大多往前运动，因为它们要觅食，而且是用大部分神经系统所在的头部去觅食。运动时朝向地面的身体面被称为腹部，通常那里也长着脚。人们可以一刀将它们的身体切成大致对称的两部分。

有大量论文探讨动物为什么对称。一个简单的解释是，它们必须捕捉（或寻找）食物，因此它们的身体进化成朝前

至少在法国油画家威廉－阿道夫·布格罗[1]（William-Adolphe Bouguereau）的想象中，丘比特怀抱中的塞姬长出了蝴蝶的翅膀。《幸福的灵魂》（*Le ravissement de Psyche*, 1895）

---

1 威廉－阿道夫·布格罗（1825—1905），法国 19 世纪学院派最重要人物，画风唯美，擅长创造美好、理想化的境界。题材多为神话、天使和寓言。——译者注

运动：头、躯干和尾部。身体的前后两段又分出了左右。

　　或许我应该在此处强调一下，没有什么是肯定的。科学家用假设或者多少有些可能但从不确定的理论去回答一些问题。因此他们自己也终其一生不断提出问题并给予新的解答。不论动物学变得多么古老，或许谁也不能清楚地解释为什么几乎所有动物都是两侧对称的。

　　1988年的诺贝尔物理学奖得主利昂·莱德曼（Leon Lederman）在一次采访中说，"为什么"是"路那边的人研究的问题"。他指的是神学家。在他任职的大学，神学系正好在量子物理学系对面的大楼里。自然科学家，也包括昆虫学家和鳞翅目学家在内的动物学家研究的是"如何"。

　　他们描述动物家族的各个部分，把它们归入自1758年以来就给它们规定好的各个门类。卡尔·冯·林奈[1]（Carl von Linne）在那一年出版的《自然系统》（Systema Naturae）中首次给它们命了名。这种划分在几百年里随着技术可能性的增加和过去几十年基因检测技术的繁荣发展而一再发生一些变化，但却没有发生根本变化。

1　卡尔·冯·林奈（1707—1778），瑞典博物学家，动植物双名命名法的创立者。——译者注

　　我主要研究的蝴蝶种类也被林奈给起了名字。我所认识的莽眼蝶当时还被叫作"*Papilio jurtina*"，因为他用"*Papilio*"来统称所有蝴蝶。这个名字已经存在250多年了，蝴蝶则存在数百万年了。

　　蝴蝶属于节肢动物门（Arthropoda），六足总纲（Hexapoda），昆虫纲（Insecta），有翅亚纲（Pterygota），新翅下纲（Neoptera），内翅总目（Endopterygota），最后是鳞翅目（Lepidoptera）。节肢动物门还包括虾蟹、千足虫和蜘蛛；六足总纲动物都有六只足；新翅下纲的昆虫翅膀长在身体后段，能够向后拍打翅膀；内翅总目昆虫的翅膀在幼虫体内就开始发育，同时也是全变态昆虫；鳞翅目"Lepidoptera"这个词源于希腊词汇"λεπίζ"（鳞片）和"πτερόν"（翅膀）。任何知道这种分类的人都能在分类学货架或者在进化生物学家重建的进化树上找到它们。

　　这个货架被填得很满。昆虫有近100万种，是种类最丰富的一个纲。昆虫纲下面种类第二多的是蝴蝶，全球至少有17万种，仅次于甲虫（鞘翅目）。我说蝴蝶至少有17万种，因为新种类不断被发现，每年新发现几百种。

　　把不同的种类归纳到一起不是很容易，因为每种蝴蝶有

莽眼蝶属于最常见的蝴蝶，但它们很少被看到。幼虫和蝴蝶都伪装得很好

自己完全个性化的生活方式。

　　我在大自然里和蝴蝶度过的前几周主要用来搞清楚它们的名字。为了确定蝴蝶的种类，也就是说找出它们属于哪一种，鳞翅目研究者要把它们和书上的图片进行对比。为此我必须先捉到它们。

　　过去几百年里捉蝴蝶的技术没有发生变化。人们需要一个带有相对较长手柄的网子，手柄不能太长，那样才能有力挥舞并迅速把网合上；也不能太短，那样才能在蝴蝶逃走之前捉住它们。我的捕蝶网有一个长约1米的手柄，就像望远镜那样能调节长短，如果想捕捉停在高枝上的蝴蝶，可以把它拉伸到原来的两倍长。

　　有几种不同的方法捕捉蝴蝶。传统的方法是，不停地摆动挥舞网子，一旦蝴蝶落入网内或认为已捕到蝴蝶，就反转网子，网口随即被下垂的网兜堵住，蝴蝶就跑不掉了。蝴蝶其实是逃跑高手。捉住蝴蝶后，用一只手抓过网兜并把网口攥住，另一只手寻找蝴蝶，并隔着网子小心地把它捏住，最好是用拇指和食指捏住并到一起的翅膀。然后，第一只手松开网口，伸进网兜把蝴蝶拿出来，小心地展开它的翅膀去观察，把翅膀正面和背面的图案与书上的图案进行比较，一直

孔雀蛱蝶的翅膀合在一起就像一片树叶，只有当它展开翅膀时，人们才能看到上面的眼斑

找到相应的种类。那本来是没有问题的。我一直使用的《英国和欧洲蝴蝶大全》（*Butterfies of Britain and Europe*）里面有500多种蝴蝶的图案。要不是这样就好了，因为500多种简直太多了。在我翻书的时候，一再有新蝴蝶在我身边飞舞，它们也是我要确定的该地区的蝴蝶种类，但它们最终却逃跑了，因为我要用很长时间翻查才能确定一只蝴蝶的种类。

在希腊原野和林中空地上度过的前几天里，我简直快要绝望了。

最初我在确定了一只蝴蝶的种类后，就把书放到背包里，当我捉住新蝴蝶后，我再次把书拿出来。很快我就觉得这样太费劲，于是就把两样东西都拿在手里。我的经典做法是，一只手拿着书，另一只手拿着捕蝶网，跟在蝴蝶后面跑。蝴蝶欢快地（是的，在我看来是这样）从我和捕蝶网边上飞过。蚊子叮咬我，它们也是太多了。

为了让效仿我的人放心，我可以告诉他们：几天之后，我就了解了欧洲六大科蝴蝶。做到这一点后，我翻书速度就大大加快了。几周之后，我在为研究课题选定的观测点里不用翻书就能识别飞行中的蝴蝶属于哪个种类。

为了能够对各个观测点的情况进行比较，我想象着在地面上画一条200米长的线，然后再想象那儿有一个5米宽5米高的狭长通道：我要清点这个空间内有多少只蝴蝶。我在自己想象出的通道内缓慢行走，如果有一只蝴蝶飞过，我就在统计表上画一条线。我每隔两周返回同一个观测点进行研究，这样持续了半年。

在这两个季度中，沿着我想象出来的路线飞行的蝴蝶种类发生了变化，有时我必须翻书才能确定我此前从未见过的蝴蝶属于哪个种类。但我很高兴那么做，因为那是一种调剂和消遣。

在罗多彼山脉度过的半年时间里，我认识了大约70种蝴蝶，并记录了它们出现在这个国家公园的哪些地方。我想通过这项工作去回答的问题表面上看起来很简单：一个本来为了保护猛禽 —— 尤其是为了保护鸢属鸟类 —— 而设立的保护区，同时也对保护其他动物有意义吗，例如对于蝴蝶？

在我开展这项工作的20世纪90年代中期，一种流行的做法是，在这类研究中把鸟和蝴蝶等相对知名的物种作为其他不太知名动物的代表，因为人们认为可以用它们当参考指标。人们的假设是，如果这些动物在一个地方生活得很好，那么同一个地方的其他物种也会生活得很好。

蝴蝶种类的高度多样性被等同于该地区高度"健康"。这基本上是对的，即便目前人们越来越清楚地认识到，生活环境是复杂的，只有在某些条件下才能用少数物种去推论其他物种。

我的重要研究结果是，对猛禽重要的地区对蝴蝶不太重要，国家公园边缘地区其实对它们更重要。

在我所处的土耳其、保加利亚和希腊三国交界处，这一研究结果甚至还有一定的政治意义：蝴蝶和鸟类不受国界限制。世界自然基金会驻达迪亚工作人员访问了保加利亚的同事，制订了许多合作方案。他们认为这个保护区不应该缩小。人类的谨慎活动甚至对该保护区的特殊生态价值有贡献。

这使得所谓的传统耕作方式 —— 粗放耕种和小群放牧 —— 又变得更体面，而且也在当地民众当中变得更体面。人们考虑在国家公园找份工作作为收入来源，参加导游培训，学习林业经济、生物学或化学。结果是，偏远的达迪亚村变得更富裕，那不仅因为游客增多带来更多外来资金，而且还因为内部变化：教育水平提高了。年轻人更经常留在村子里，那里有了更好的发展前景，他们不再认为只有移居才能带来希望。

这里不仅是希腊，而且也是整个欧洲和地球上的一个特殊地区，这种认识抚慰了出生在当地的人。这正是国家公园的政治缓冲作用。该地区在希腊人中一直主要因为这一点而出名：很多男青年在服役期间要到该国家公园附近更大的一个村镇苏夫利（Soufli）驻守。对雅典人来说，苏夫利就是世界的尽头。

现在，达迪亚国家公园正在申请进入联合国教科文组织世界自然遗产名录。如果申遗成功，那将使这个地区重新获得它曾经拥有的国际地位。

　　我们再回过头来谈论鳞翅目，谈论世界上最著名的蛾子，它是一个明星，至少它在年轻的时候是。玛利亚·西比拉·梅里安小时候养过它。几乎每人家里都有一些用它做成的东西。

　　我开始研究蝴蝶的那个地方出现了欧洲最早的蚕（学名：*Bombyx mori*）卵。埃夫罗斯（Evros）河畔的苏夫利镇在公元第一个千年里就开始养蚕。据说波斯僧人从中国把蚕卵走私到拜占庭君士坦丁堡献给罗马皇帝查士丁尼一世（Justinian I，482—565）。当时中国严格禁止走私各个变态阶段的蚕。随后苏夫利 —— 伊斯坦布尔一直是它地理上最近的大城市 —— 发展成为繁荣的丝绸制造和贸易的中心，很大一部分民众直到20世纪还依靠丝绸纺织业生活。

　　当时沿埃夫罗斯河生长着大片蚕赖以食用的桑树。似乎它们已经形成了真正的树林。

　　蚕丝其实是蚕虫结的蛹茧。组成蛹茧的蚕丝最多缠绕30万圈。把三条蚕丝搓在一起就成了一根蚕丝线，用它可以织绸缎。

　　传统上这种昆虫在宽大的木架上用桑叶喂养，直到它结茧成蛹。为了不让蚕蛹在羽化时咬破茧子从而使得蚕丝保

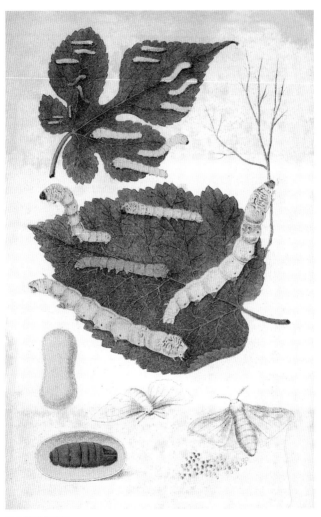

蚕从卵发育到蛾

持完整，人们必须在蚕蛹羽化前用热水或蒸汽将其杀死。

　　在此后的数百年中，埃夫罗斯河因为持续不断的整治而在很多地方失去了后方和岸边植被。桑树林消失了。

　　人造纤维的发明也使得苏夫利周围地区的丝绸生产日益失去重要性。现在，丝绸纺织已经成为极其地方化的生产活动，而且主要为了满足游客的需求。一个小型的文化历史博物馆还能让人们记起蚕在该地区的辉煌时代。

触　摸

如果我说可以安静地、仔细地触摸蝴蝶，人们往往会感到惊讶。我忘记从哪儿，或许是从我父母或祖父母那里听到这样一个谣言：如果蝴蝶翅膀上脱落了一些鳞粉，它们就会死掉。在公园或花园观察了多只蝴蝶的人会发现，情况不是这样。有些蝴蝶很完美，身上没有划痕，就像图册上的那样。有些蝴蝶的翅膀受损，图案几乎看不出来。曾经色彩斑斓的眼斑如果变成了褐色斑点，说明它们已经 —— 用专业人员的话说"驾驶着翅膀"——飞行了好几天或者好几周。有的蝴蝶翅膀上少了一块，它们是侥幸逃脱鸟类攻击的。

一个三岁的孩子就可以小心地把蝴蝶拿在手中。只要别把它的身体捏得太紧或者别把它的翅膀弄破，蝴蝶就没事。蝴蝶比看起来更强壮。一个孩子也比一只一心只想着吃掉蝴蝶的鸟儿更体贴。

展示蝴蝶的另一个办法是，暂时把它放入玻璃瓶，只要它趴下来，人们就可以安心地观察它。

"……和其他所有同类一样，对自己的年龄一点也不感到忧伤。"海因茨·艾哈特写道。

如果人们要设想成为蝴蝶是什么样子，就应该把对于无忧无虑的想法远远抛诸脑后。与我们相比，蝴蝶感觉怎样？这是人类和其他生物发生联系后感兴趣的问题。"我感觉怎样？"这对我们来说是一个极其重要的问题，以至于我们无法想象其他生物 —— 例如虫子 —— 怎么会不思考这个问题。

"如何发觉自己是条鱼？迄今为止的证据表明，鱼不会发觉自己是条鱼。鱼没有感觉。它们只是生存。它们是没有意识的动物。这种想法绝对不是邪教式的。我们人类的很大一部分生活也是无意识地度过的。"[1]

写这段话的人是澳大利亚昆士兰大学的神经生物学教授布莱恩·基(Brian Key)。他的简单见解对我来说很重要，因为这种简单蕴含着特别精细的东西。

其实只有本身是一条鱼的人才能想象成为一条鱼意味着什么。想象是一只蝴蝶，就像试图想象生活在四维、七维或者x维空间。那离我们的日常经历太远，因此只有当我们

---

[1] 参阅布莱恩·基（Brian Key）《为什么鱼（可能）不会感到疼痛》[*Why fish (likely) don't feel pain*]。网址：https://scientiasalon.wordpress.com/2015/02/05/why-fish-likely-dont-feel-pain。这段话是本书作者自己翻译成德文的。

构建了基于这些经验的模型后才能做到。例如，四维事物模型可以由时间上被推迟组合的三维事物切片组成，那虽然不是真正的四维，但可以让我们在思维上接近四维。成为一只蝴蝶，不论在哪个阶段，不论是幼虫、蛹和蝴蝶，意味着每秒钟都必须考虑到死亡。一只昆虫自然不会计算，但它能预计到死亡的来临。

这是我们和蝴蝶之间的根本区别。

我们知道我们会死，但我们也知道，根据经验今天就死的可能性很小。如果我们每次呼吸都预计到死亡，那么这样的生活对我们来说是无法过下去的。

一只蝴蝶也是这么生活的。它既不知道死亡，也不知道自己有机会把某些东西传给后代。它以比我们看到的更快的速度逃离任何阴影，因为阴影对它来说意味着被吃掉。它在没有预见到这一点的情况下逃离了捕猎者。

成为蝴蝶意味着做事是自发的。或许那就是诗人所称的无忧无虑：没有计划。

一只蝴蝶总是孤独的，不论有多少同类和它一起在阳光下飞翔，也不论扇动翅膀显得多么安逸。蝴蝶没有友谊，不缔结条约，也不相互保护。简言之，它们不是像我们这样的社会动物。它们既不相互警告提防敌人，也不会因为同类被鸟儿或蜻蜓吃掉而悲伤。

蝴蝶之间最重要的交流涉及雄性或雌性的择偶。它们只在蝴蝶阶段进行这种"对话"。在幼虫阶段，雄性和雌性还无法区分，至少从外表上看是无法区分的。只有当蝴蝶羽化出来，它们的性别才显现出来。蝴蝶的这一生命阶段相当于植物的花期，它们产生精子，四处飞动，寻机交配。因此，它们的希腊文名字"飞动的花朵"恰如其分。

蝴蝶一方面进行飞行对话，另一方面进行气味对话。各类蝴蝶的调情行为大相径庭，在这里我只能解释我经常看到的那种蝴蝶：莽眼蝶。

雄性莽眼蝶是活跃的飞行者，它们在自己的领地巡逻。雌蝶更喜欢躲藏在灌木丛中，只在吮食花蜜时才飞出来。如果人们在初夏来到莽眼蝶飞行的地方，例如草地或森林边缘，看到的主要是雄蝶。它们相互环绕飞舞，确定对方是否和自己属于同一种类，是雄性还是雌性，比其他蝴蝶是老还是年轻。

即便雄蝶是更活跃的飞行者，雌蝶也完全有选择机会。

幼虫在它们的寄主植物上。图片选自雅各布·许布纳 1790 年出版的《欧洲蝴蝶史》（*Geschiche europäischer Schmetterlinge*）

它们相互靠近，扇动翅膀，越来越快，扇出气味，也就是信息素，以这种方式介绍自己：

她年龄多大？

他年龄多大？

她有多健康？

他有多健康？

这种"调情"可能需要一些时间，持续半小时到数小时不等 —— 如果天气许可的话，因为大多数蝴蝶只能在晴天的时候飞行，无论如何荨眼蝶是这样的。

那还远不意味着调情后必然会交配。

蝴蝶很挑剔。如果人们把一只雄蝶和一只雌蝶放到一个玻璃瓶里，它们交配的可能性很小。它们需要一定数量的个体，以便能从中挑选，或许这期间也需要一些雄蝶来回飞舞以激发情绪。

我在实验室里进行的实验表明，年龄差异对一对交配的蝴蝶发挥作用。如果一只雌蝶受到两只雄蝶追求，雌蝶会选择其中年龄更大的。如果一只雄蝶在两只雌蝶之中进行选择，它会选择更年轻的，哪怕其中一只仅比另一只年轻一个小时。

蝴蝶是怎么知道对方年龄的？

据我所知，是气味透露了信息。

观察蝴蝶的出生不是一件容易的事情。因为羽化时间很难预计，蛹的休眠时间可能是几天、几周甚或几年。

蝴蝶往往在早晨羽化。但我也一再对新羽化的蝴蝶感到吃惊。羽化发生在几分钟之内，谁想观察一只蝴蝶，必须对蛹至少连续注视几小时才能看到它羽化成功。

蝴蝶的蛹往往通过幼虫变蛹时吐出的丝固定在一棵植物的枝条或枝干上。有些种类的蛹躺在地面上，被树叶或泥土掩盖着。无论如何它们很难被发现。

我们人类在某些方面和蝴蝶是一样的。羽化时间受激素调控，就像孩子的出生时间。

如果人们对一个种类很了解，人们就知道它的蛹在羽化成蝴蝶之前是什么样子。蛹的颜色大多会慢慢变深。荨眼蝶的蛹最初就像幼虫那样是草绿色，之后变白，变黄，变得带有褐斑，最后在羽化前变成深褐色甚至黑色。

蛹看起来像一段木头或一片卷起来的干叶，也就是说它看起来像东西而不像生物。它在羽化前开始运动。它不断

地伸缩着，发出沙沙的响声，猛地抖动，直到它从将要破壳
而出的地方慢慢探出头。蛹壳的末端往往像罩子那样打开：
蝴蝶先探出脚和头，向前爬行的蝴蝶的身体其他部分随后也
从蛹壳中出来。那时翅膀还软塌塌地往下垂着，几乎看不出
那是翅膀。

　　在接下来的几个小时里，新生物非常脆弱，不能飞翔，
必须先展开并晾干自己的飞行器官。它的做法是往翅膀中的
血管里慢慢泵注血淋巴[1]——昆虫的血液。蝴蝶的血液因为
不用来输送氧气而没有血小板，所以是无色的。血管充满血
液后，翅膀就舒展开了。完全舒展后还必须经过好几个小时
才能晾干，在此期间往翅膀中输送血液的血管也慢慢变干
了，它的硬化对翅膀起到了加固作用。如果翅膀在这个阶段
碰到障碍或者没有足够空间完全舒展开来，就会变成畸形或
者留下阻碍翅膀发育的物体的图案。

　　蝴蝶如何让血液在身体内流动？蝴蝶有一颗心脏，位于

胸（Brust）内。胸在昆虫那里被称为 "Thorax"（胸、胸廓）。蝴蝶的心脏是肌肉组成的软管，肌肉有节奏地伸缩，以此让血液在体内流动。心门瓣阻止血液回流。[1]

蝴蝶心脏的跳动速度相当于成年人心跳的两倍，或者相当于跑步的人，即每分钟大约140下。

两至三个小时后，翅膀变平变干，蝴蝶可以进行首次飞行了。飞行第一天往往已经是选择配偶的日子。有些种类的蝴蝶，雄蝶甚至会和羽化不久还没有飞行能力的雌蝶交配，以确保自己是第一只给它受精的蝴蝶。因为雌蝶通常会多次交配，因此雄蝶发展了一种抑制后来雄蝶精子的策略，以便让自己最有可能成功繁殖后代。在这种情况下，后来的蝴蝶会吃亏。

1　昆虫的心脏又叫背血管，是纵贯于背血窦中央的一条前端开口、后端封闭的细长管道，由肌纤维和结缔组织构成，是血液循环的主要搏动器官。背血管可分为动脉和心脏两部分。动脉是背血管前段细而不分室的部分，没有心门，也没有翼肌与膈相连，前端开口入头腔，后端连通第一心室，是引导血液向前流动的管道。动脉起源于外胚层，位于昆虫头胸部内。心脏是背血管后段呈连续膨大的部分，每个膨大部分称为心室，每个心室两侧常有一对心门。心室两侧有扇状背横肌即翼肌与膈相连。心门是血液进入心脏的通口，其边缘向内折入形成心门瓣，当心室收缩时，心门瓣关闭，迫使血液在背血管内向前流动；当心室舒张时，心门瓣打开，血液从体腔流入心室。就这样，心室由后向前依次收缩，促使血液在背血管内由后向前流动。——译者注

钩粉蝶成虫是过冬的。因此在温暖的春天里，它们是进行阳光浴的首批蝴蝶

　　头内物质也构成了中枢神经系统，即大脑那样的调节中心。蝴蝶有头，头里有脑。根据形态学研究者的说法，（大多数）动物双侧对称的身体构造导致了大脑位于头内。动物主要为了能够进食才需要大脑，而且也为了繁衍后代。

　　拥有大脑也意味着能"思考"吗？我想，其实应该用哲学方式为这个问题寻找真正的答案。但我首先还是用生物学方式回答。

"一只蝴蝶有多少个神经元？"我在一场会议上遇到的一位神经学家问道。他研究人类阅读时大脑的活动情况。蝴蝶不能阅读，这一点一直是肯定的。一只动物拥有多少神经元与它能够进行的思维活动的复杂性有关。我必须查阅资料。我找来找去，那不是很容易的事情。昆虫平均拥有多少神经元？每个物种都不相同。果蝇拥有1万个神经元，蜜蜂拥有10万个神经元，蝴蝶处于中间的某个位置。

"一只蝴蝶拥有的神经元数量是人类的几十万分之一。"我回答说。

"那不是太多。"他说。

"尽管如此，蝴蝶也能学习，"我说，"甚至它们被撕掉头后还能飞行。"那与它们拥有分离的神经系统有关。一部分位于胸腔和腹部，另一部分位于眼睛后面和触角根基处。与脊椎动物的神经系统通过背部分布全身不同，蝴蝶的神经系统在腹部沿消化器官分布全身。因此蝴蝶没有头也能飞行。但时间不会太长，不过那已经足够再产下几颗受精卵了。

从根本上说，一只蝴蝶靠自己生活 —— 不过社会生活，不知道哺育义务，因为每只幼虫都必须自己照顾自己。如果蝴蝶能思考，那么它就会只把自己和周围环境作为思考对象。

如果我说蝴蝶只不过是一个精巧的飞行器，可能会招致反对，我自己可能也会反对。但这一论断符合实际的科学情况。蝴蝶的神经系统使它能看、能听、能闻、能尝、能走、能飞。它能认出另一只蝴蝶是否是同类。它知道移动的阴影是危险的，并逃离这样的阴影。

它作为虫子会梦想后来变成色彩斑斓的蝴蝶吗？不仅孩子对这个问题感兴趣。

在我们的思想中，昆虫不会做梦。但一只蝴蝶能做一些非常不可能的事情，例如记住某些它在幼虫时期学到的东西。这令人吃惊，因为蝴蝶的生活方式与一条幼虫完全不同。一个是植物填充的皮囊，它不停地吃进更多植物，它的唯一目标是长大；另一个是高度机动的飞行器。

在变态期间，体内的组织也完全重构。如果把一只蛹切开，里面会流出难下定义的汁液。组成幼虫的所有东西几乎都会在蛹这个阶段被拆解重组，蝴蝶的任何肌肉都是幼虫所没有的，几乎所有神经元也被重组。

但华盛顿特区乔治敦大学玛莎·韦斯（Martha Weiss）领导的一个科研小组通过一个出色的实验，发现一些神经元

安特卫普艺术家扬·凡·凯塞尔（Jan Van Kessel，1626—1679）用科学写实的手法描绘昆虫：《昆虫和果实》（*Insekten und Früchte*）

保留下来并储存了幼虫的记忆。当时准备考博士学位的道格拉斯·布莱基斯顿（Douglas Blackiston）训练幼虫使它把某些气味关联到不舒服的体验。幼虫被放到某种气味中，然后对它们进行轻微电击。仅仅经过八次重复后，幼虫就知道逃离这种气味，以便也逃离电击。这些个体一直被饲养到蝴蝶阶段，然后重新被放到这种气味里，它们也会尽力逃跑。显然它们记住了作为幼虫时经历的糟糕体验。道格拉斯发现，幼虫遭遇这种经历时的年龄对它们变成蝴蝶后能否还记住这些经历至关重要。在生命前三周接受这种气味的幼虫后来会忘记；只有当它们在快要变蛹时接受训练，它们才会记住。

思考可能是另外一回事。

但蝴蝶能记住什么对它们有用。玛莎·韦斯领导的科研小组2008年发表的研究结果一方面认为，蝴蝶大脑的一部分在变态时保留下来；另一方面，他们把该研究结果视为雌蝶如何知道必须在哪种植物上产卵的可能的解释：它们记起了自己作为幼虫时所吃食物的气味。

气味是蝴蝶经常"思考"的东西。如果它们没有这种能力，它们将挨饿，并且永远找不到配偶。

气味在蝴蝶生命中的意义不仅仅作为逸事令人感兴趣，而且也对人类和蝴蝶的共同生活有完全实用的价值。

目前在所有药店都能买到食品或衣物蛀虫信息素灭虫器，它们就利用了有关吸引蝴蝶的物质的知识：虫子被吸引过来，粘在了灭虫器的黏贴上。

农业人员也有兴趣研究蝴蝶大脑以及它如何感知气味。不论棉花还是烟草，多种看起来无害的蛾类幼虫喜欢吃这些作物，因此它们是种植园主最讨厌的敌人。资助研究昆虫大脑的一个实用理由是研发针对所谓害虫的生物控制机制。这些害虫是幼虫阶段的鳞翅目。

特隆赫姆挪威科技大学的波尔·克韦洛（Pål Kvello）及其同事比亚特·比埃·勒法尔德利（Bjarte Bye Løfaldli）在这样一个项目框架内，解剖了生活在棉花田或烟草田里的烟芽夜蛾（*Heliothis virescens*）的大脑。借助显微镜下对活体昆虫进行的微型手术，科学家让通过神经细胞的信号变得可视可听。科学家把微米级的玻璃电极放到昆虫头内各个神经元上。如果用一种气味刺激神经细胞，大脑中就会产生一个信号。如果把信号转化成我们能听到的频率，那么思考中的蛾子引发的声音就相当于一种嘀嗒声。

突然嘀嗒声不停地响起。

"蛾子刚刚吸食了糖水。"克韦洛博士解释说。

补充糖分对蝴蝶大脑的影响和对人类大脑的影响是一样的。[1]

1　参阅波尔·克韦洛和比亚特·比埃·勒法尔德利合写的论文《烟芽夜蛾假想前脑桥回路神经元活动代表由 10 种成分构成的植物气味混合体的信息》（ *Activity in Neurons of a Putative Protocerebral Circuit Representing Information about a 10 Component Plant Odor Blend in Heliothis virescens* ），网址 :https:// dx.doi.org/10.3389/fnsys. 2012.00064。

　　在昆虫被切开的头里用电极窃取它们的思想，它们会无比疼痛吗？

　　克韦洛说，不，绝对不会。昆虫既没有疼痛感受器，也没有像我们那样知道疼痛的感知能力。疼痛感觉是在我们大脑中产生的，昆虫没有让它们能够感觉到疼痛的神经系统。

　　杀死一只蝴蝶对我来说从来都不是一件容易的事情。第一次我是请求一位朋友为我代劳的，我很胆小。科学家们想出了各种各样的解释为他们杀死研究对象辩护。

　　汉娜·阿伦特[1]（Hannah Arendt）曾强调指出："讲述、描述世界是很难的，因为那理所当然地唤起了痛苦和仇恨。"[2] 一位生物学家的讲述也包括如下内容：把蝴蝶变成氨基酸排序，也就是说记录它们的DNA（脱氧核糖核酸）片段；系统地去整理它们，把收藏品归并起来，为后代保存它们——以便它们在被捕捉到的地方有朝一日灭绝后和后来

---

[1]　汉娜·阿伦特（1906—1975），美籍犹太裔政治理论家，原籍德国。——译者注

[2]　参阅汉娜·阿伦特：《真相只有两个——致朋友的信》（*Wahrheit gibt es nur zu zweien.Brief an die Freunde*），2013年在慕尼黑出版，第99页。

还生存的物种进行比较。

我也会让某些蝴蝶缩短生命。我喜欢的借口是：

（a）按照自然规律，它们的生命周期相对较短，反正它们在几天之后也会死掉；它们以这种方式为增加人们对其种类的了解做出贡献 —— 那是一种牺牲。

（b）被我在几秒之内剥夺意识比被鸟儿吃掉更舒服。

（c）蝴蝶总是大量出现，个体之间几乎没有区别，如果一只个体提前被从它们生活的空间捉走，那对这个种群毫无影响。蝴蝶种群不会因为科学家采集了几只个体而灭绝。

（d）我捕捉的蝴蝶是已经交配过的雄蝶或产过卵的雌蝶。而这又可以用借口（a）去解释。

普遍的哲学借口是，不杀死其他生命就没办法生活。我们迈出的每一步都会踩死小生物。与此同时，我们不必为此负责。

我是怎样杀死一只蝴蝶的？我把头部后面的胸廓捏短、捏紧。这样就能置它于死地。如果只是轻轻按它几次而不弄破它，它就只是昏迷，几秒之后还会慢慢醒过来。另一个方法是，营造寒冬环境，把蝴蝶放入至少零下20摄氏度的冰箱冷冻室。昆虫很顽强，被冻住后往往还能生存几个小时，但就连最顽强的蝴蝶也不能长久抵御这种低温。

第一种方法适合野外使用，第二种方法适合让蝴蝶尽量完整无损，以便后来能够转交给公共收藏机构。

研究蝴蝶就必须杀死它们吗？不一定，那取决于人们想回答的问题。行为观察、饲养实验或调查大自然中的种类多样性，那甚至用不着折弯蝴蝶的触角。但目前基因数据构成了很多研究项目的基础，蝴蝶太小，不大规模伤害它们就无法从它们体内提取足够多的物质进行DNA分析。人们往往用蝴蝶腿提取DNA。

没有腿的蝴蝶不能站立，不能吮吸花蜜，也不能交配。没有腿，它们无法生存。

对大型动物，例如哺乳动物来说，一撮毛、一片指甲或一滴血就足够用来进行基因研究。科学家正在研究如何改进方法，以便只用蝴蝶翅膀上的鳞粉就能提取DNA。

从根本上说，现代生物学家远离了19世纪还在大自然中流行的强盗行径，当时科学家在科研考察后带回整箱整箱的死动物。另一方面，我们作为博物馆参观者往往恰好对这些标本感到惊奇，例如渡渡鸟这样目前早已灭绝的物种。如

各个变态阶段的莽眼蝶和小红蛱蝶（德语名：Distelfalter，学名：*Vanessa cardui*）及其寄主植物，摘自欧根·约翰·克里斯托夫·埃斯佩尔[1]（Eugen Johann Christoph Esper）死后出版的《蝴蝶写生图谱大全》（*Buch Schmetterlinge in Abbildungen nach der Natur*）

---

1 欧根·约翰·克里斯托夫·埃斯佩尔（1742—1810），德国昆虫学家。——译者注

果渡渡鸟今天还活着，我们将坚决杜绝收集它们。现在可以选择摄影和摄像记录这样的手段。但因为我描述的是新昆虫物种，所以仍然建议真的把一只个体当作标本保存。今后人们可以用这只标本比较发现的其他个体是否和它属于同一种类，以及随着时间流逝该物种在形态上发生了哪些变化，当然还可以做更多事情。博物馆的收藏 —— 把蝴蝶钉在玻璃框内保存的传统蝴蝶标本盒依然是昆虫学的重要基础，就像腊叶标本依然是植物学的基础一样。

卡尔·施皮茨韦格 [1]（Carl Spitzweg）1840 年所画《捕蝴蝶的人》（ *Der Schmetterlings fänger* ）。该画如今是德国威斯巴登博物馆的藏品

1　卡尔·施皮茨韦格（1808—1885），德国浪漫主义画家和诗人。——译者注

计　算

　　我用笔在蝴蝶翅膀上写数字，从"1"开始，持续写下去。最后一个数字是什么，我最初还不知道。那取决于季节、偶然事件、天气，取决于我有多少精力穿越灌木丛。翅膀被写上数字，这听起来有些残忍。但研究表明：写数字既不影响蝴蝶的生存，也不会减短它们的寿命；它们既不会飞得更少，更不会在寻找配偶时处于劣势。的确，这种研究是蝴蝶研究者进行的，他们想表明自己的工作不影响研究对象，但他们也想表明自己的工作是客观的。我也相信他们，蝴蝶翅膀被写上数字后行为方式与以前没有什么不同。

　　我耐心地等候一只蝴蝶，捕捉住它，小心地把它从网中拿出来，在它翅膀上写上"33"，然后再放飞它。与此同时，我记下它的性别、它的大体年龄（根据它翅膀的使用程度来估计）、该地的详细地理坐标、日期和时间。我把全天捉到的蝴蝶都写上数字。第二天我在同一时间到同一个地方，尽可能再次捉住那么多蝴蝶。其中有些 —— 很少几只 —— 是已经写过数字的，其他的我给它们写上数字。我每天都到同一个地方，捉住蝴蝶，给新捉的标上数字，数清楚有多少是我再次捉到的。我每天都去，除了下雨，这样持续了大约三周时间。最后我为每只捉到的蝴蝶制作了一张表，记录了我在哪些天里捉住过它们。有些十次落网，有些——大多数——只被捉住一次。借助这些表格和专门为这类数据研发的名为"Mark"的计算机程序，我能够计算出这一年里莽眼蝶的数量大概有多少。该程序的算法甚至允许我估计某段时间蝴蝶的大概死亡数量和出生率。今年我调查的地方大约有1200只蝴蝶。其中大部分蝴蝶我没有标注，但鉴于303只我标注了数字和那部分我多次标注数字的蝴蝶，我能估计总共有多少只蝴蝶。通过观察较长时间内——在几周、几年内一再把我捉住的所有蝴蝶标注数字、释放、捕捉、标注数字——的蝴蝶数量，我能了解该种群是如何发展的。它变大了还是变小了，还是说它没有变化。

这听起来像魔术，但其实不是。早在1896年，哥本哈根海洋生物学家卡尔·格奥尔格·约翰内斯·彼得森（Carl Georg Johannes Petersen）就使用过这种基本方法。他想调查某片海域有多少鱼，并试图跟踪它们从一个峡湾到另一个峡湾的漫游路线。他想出的基本方程其实很简单。几

年后，另一位美国生物学家弗雷德里克·查尔斯·林肯
（Fredrick Charles Lincoln）用同样的方式估算美洲大陆上不同
鸟类的种群规模。

　　例如蝴蝶：把标注数字的所有蝴蝶数量乘以某天捉住的
蝴蝶数量再除以该天所捉蝴蝶中已经标注过数字的蝴蝶数
量。如果总共标注了100只蝴蝶，在某天捉住了20只蝴蝶，
其中4只已经标注过数字，那么就是100 × 20 ÷ 4 = 500。在
这个案例中，被估计的蝴蝶总量为500只。

　　奇妙的是，这种方法不只适用于动物，也适用于单词。

　　一篇文章的单词数量和书写错误都可以用这种方法估
算。单词不用标注符号，它们本身已经是一种符号。例如，
人们可以从一篇文章中随机抽取100个单词，第二次再从这
篇文章随机抽取20个单词，如果其中有4个单词是重复的，
那么估计这篇文章的单词数量为500个，也就是说这篇文章
第一次没抽中的单词可能有400个。

　　就像生物学那样，现在语言学也早已不再使用这么简
单的公式，而是使用更复杂的算法去分析电脑支持的文章。
如果我想检验电脑的正确性或者只是自我检查输入的数据是
否有误，我仍然会在脑中估算一下某个山谷中的蝴蝶数量。

戴维（David）这次去山里只带了一个轻便的笼子。当我从后备厢里取出一个西瓜后，他感到很吃惊。更令人高兴的是，那很合他的胃口。戴维直挺挺地躺在草地上，就这样度过了整个下午。他不停地更换躺下的位置。他的捕捉工具是一个没有手柄的网子。他是一个身材高大的人，他躺下的地方暂时留下了他身体轮廓的印记。

我们第一次在意大利撒丁岛（Sardinien）相见时，他说："我的家人是蝴蝶。"那是2000年夏天。他的职业是邮局职工，每个假期都会和蝴蝶一起度过或者去寻找蝴蝶。他坐渡轮从热那亚（Genua）而来。他的小轿车挂着瑞士车牌，在我们约定见面的村子的市场上很容易被认出来。我曾许诺带他到一些有白垩蓝灰蝶（德文名：Silbergrüner Bläuling，学名：*Polyommatus coridon*）生活的地方。这个岛上出现的白垩蓝灰蝶被专家们称作特有亚种。

戴维擅长饲养只出现在小片区域的蝴蝶，即地区性品种。它们的领地越小，他越喜欢饲养。饲养对他来说意味着：捉住几对蝴蝶，让它们产卵，然后照顾卵，直至最后变为成年蝴蝶。他用相机记录下各个阶段，有时他甚至用电子显微镜记录下最微小的细节。当时他在撒丁岛上挖了几株马

马蹄铁巢菜，学名：*Hippocrepis comosa*，灰蝶幼虫以此为食

蹄铁巢菜，那是白垩蓝灰蝶的食物。

虽然他在家里已经种了很多盆，但越保险越好。

某些蝴蝶种类的大部分生物学知识要归功于戴维这样的"业余人士"，此处这个词应该被理解为"业余爱好者"。我还从未见过比戴维更投入的业余爱好者。

在一天结束时，他拥有了自己的收获：几只微小的浅蓝色蝴蝶和几只也很微小的棕色雌蝶。它们趴在25厘米×25厘米的笼子里。这个笼子在戴维的手里显得很小很脆弱。

他说，他也捉了雄蝶，以防雌蝶没有受精。但其实他认为雌蝶肚里已经有要产的卵了。

"你看，它的胸腔多么臃肿。"他指着一只合起两只翅膀趴在笼子里的蝴蝶说。当我观察它时，它轻轻地摩擦着翅膀。

"它们真是太漂亮了。"戴维说。

白垩蓝灰蝶在德国、瑞士和奥地利被评选为2015年的年度昆虫，人们旨在让白垩蓝灰蝶借助这个角色宣传昆虫，让昆虫变得更加令人喜爱，并展示昆虫也有自己的"私生活"以及它们是多么漂亮！就像宣传一个公众人物那样，人们也对这个获奖者的生活进行了新闻发布，包括展示其单独生活和交配的图片资料。它的生活空间也以高分辨率图片得到展示。

新闻稿说，这种蝴蝶"作为特别敏感的干旱草地群落生境的动物代表"被选出。因为开辟牧场，食物稀缺的干旱草地已经变得稀少了。但很多昆虫种类，也包括蝴蝶，却把干旱草地作为生活环境。

白垩蓝灰蝶更挑剔，它喜欢生活在钙质土上，有时也喜欢沙土 —— 如果土质不是酸性太强的话。

尽管面临各种困难，但灰蝶也是幸运的。除了戴维，还有其他生物忘我地照顾它们：蚂蚁。白垩蓝灰蝶幼虫给蚂蚁提供了特殊诱饵。它们通过特殊腺体产生一种让蚂蚁觉得非常甜的分泌物，那是一种难以抵抗的甜食。蚂蚁舔食这种甜物，作为回报，它们保护蝴蝶幼虫免遭敌人 —— 捕食者或寄生虫 —— 侵害。

尽管如此，戴维不需要在厨房里放置蚂蚁窝。只要他能保护幼虫不受伤害，幼虫在没有蚂蚁大军的情况下也能成长。

他小心地把装有蝴蝶的笼子放入后备厢，然后慢慢地用水瓶喝水。在我们出发之前，我问他在结束工作后是否想去吃饭。

他感激地谢绝了。

现在他必须集中精力让蝴蝶产卵，然后定时给它们喂糖水，让它们在旅馆房间里安静下来。他说，他已经在途中吃过一些口粮了，吃饭是次要的。他只关心蝴蝶产卵。

后来我到了戴维的房间。他坐在桌边，面前是装着蝴蝶的笼子。他向我问候时也目不转睛。他弓着身子把头紧贴在笼边，这些蝴蝶在他的鼻子和大手的映衬下显得比实际尺寸更小了。

几年后他到阿姆斯特丹拜访我，当时我在那里的动物博物馆搞研究。

戴维来这里是想看一些收藏的标本。他睡在我客厅里的一张折叠沙发上，走得很早，回来得很晚，我几乎见不到他。

他一整天都在博物馆里度过，坐在几米高的抽屉盒之间的狭窄过道里的小桌子边，蝴蝶标本就保存在那些抽屉盒里。他的夹克散发出一种不会被认错的昆虫标本使用的防腐剂的气味。戴维在的那几天里也把这种气味带回我的公寓里。

长期，甚至数百年保存昆虫标本是一件很棘手的事情，只有把它们放入密闭性好并充满防腐剂的盒子里才行。否则它们很快就会被其他昆虫，尤其是小甲虫吃掉。

极其丰富的多样性：鳞翅目是世界上种类最丰富的第二大动物群体，仅次于甲虫

戴维来到这个城市的第二天晚上，我请他吃饭。他坐在晚上睡觉的沙发上，报告他"家人"——蝴蝶——的情况和他夏天的计划。他讲述了想饲养什么品种，从哪里弄到蝴蝶卵和饲料。

他不停地说着，直到我做好饭菜。

当我请他上桌时，他吃惊地看着我。

"你什么时候做好的？"

我在离他只有两米的地方准备好了饭菜。戴维没有注意到。

除了蝴蝶，我从未和他讨论过其他话题。我不知道他是否有兄弟姐妹，他父母是否还活着，他到底住在哪儿，是在一所房子里还是在一间公寓里，他喜欢吃什么，除了蝴蝶他是否还有别的兴趣。我们一起度过了好几天，对于他我只知道：他为蝴蝶活着。

科学家生涯

都灵因为耶稣裹尸布而出名，那块裹尸布上可以看到一个人正面和背面的影像，而且也经常能够看到一些就像展平了翅膀的蝴蝶的图案。该市另外一个特产是名为"Gianduja"的榛子巧克力，那是拿破仑时代发明的。当时来自英国殖民地的产品，例如可可，被征收高额关税。为了节省成本，巧克力被加入榛子"稀释"：一种令该市至今感到骄傲的糖果由此诞生了。

上百年后的1946年，在50公里外的榛子盛产区阿尔巴，面包师彼得罗·费列罗（Pietro Ferrero）开始生产"Pasta Gianduja"巧克力。20世纪60年代，他的儿子米歇尔通过加入橄榄油改进了这种甜品，并将其改名为能多益（Nutella）。

但蝴蝶研究者是因为其他原因才前往都灵的。

在当地大学里，西蒙娜·博内利（Simona Bonelli）和弗兰切斯卡·巴尔贝罗（Francesca Barbero）领导的一个科研小组正在研究蝴蝶幼虫发出的声音和节奏，确切地说是灰蝶幼虫的声音和节奏。

我们约定在阿尔贝蒂娜美术学院见面。

我到达时，他们已经站在门外等候。

"我们必须先喝点开胃酒才能谈论工作。"弗兰切斯卡说。团队中的第四个人卢卡·彼得罗·卡萨奇（Luca Pietro Casacci）研究蚂蚁的化学交流。他刚刚从法国蒙彼利埃回来，他说在那里度过了一段美好的时光，也从那里的研究人员那儿学到了很多东西。

"是的，"他说，"我们有时也在实验室放一个蚁巢。有时会有一只蚂蚁爬出来。"他笑着说，"或者多只。"

灰蝶科成员在蝴蝶成虫阶段大多都是蓝色的，但不全是。有的是褐色，有的带有鲜艳的淡红色或橘黄色斑点，有的正面几乎是黑色，有的后翅末端长着优美的小尾巴，后翅上有一只明显的眼斑。所有种类的共同点是它们都很轻巧。它们体形小，且很灵活，是天才飞行者，人们刚一走到它们面前，它们就消失在花丛里。

很多种类的灰蝶会邀请别人帮它们干某些对于一只灰蝶来说讨厌的工作。蚂蚁的工作热情令人难以置信，灰蝶也知道这一点。例如都灵科学家们研究的白灰蝶（*Maculinea*）

阿波罗绢蝶（德文名：Apollofalter、学名：*Parnassius apollo*），大蓝灰蝶（德文名：Schwarzfleckiger Bläuling，学名：*Maculinea arion*），普蓝眼灰蝶（德文名：Hauchechel-Bläuling，学名：*Polyommatus icarus*）

就把后代交由蚂蚁喂养。一旦幼虫长到一定长度，它们就从寄主植物那里掉到地上 —— 在一个合适的时间，那是对它们友好的而不会吃掉它们的那种蚂蚁活跃的时间。

工蚁把它们从地上捡起来带到蚁巢里，在那里抚育它们过冬。

蝴蝶研究者鉴于这种情况而迫切需要研究的一个问题是，蝴蝶幼虫是怎样让蚂蚁那么喜欢自己，以至于能够做出那样的牺牲？蚂蚁在奋力抵御外来者方面是出了名的。此外，它们通常还捕捉虫子为食。它们突然变得这么友好，原因何在？

对于这个谜团，灰蝶研究者想出的一个解释是，灰蝶幼虫伪装成蚂蚁无法拒绝的东西。如果它们想得到蚂蚁溺爱，它们最好伪装成什么样子呢？

以前的研究表明，蝴蝶幼虫不仅像蚂蚁宝宝那样乞怜，而且还会模仿它们的气味。此外，幼虫还产生一种让蚂蚁难以拒绝的甜味分泌物，蚂蚁会从幼虫身上舔走这些分泌物，就像戴维喂养的那种灰蝶一样。只不过戴维能让他的灰蝶在没有蚂蚁帮助的情况下也能生存，但白灰蝶却不能。它们只能在忘我的蚂蚁的照顾下才能生存。如果缺少食物，蝴蝶幼虫就会被优先对待，即便蚂蚁幼仔挨饿，蝴蝶幼虫也总能得到食物。甚至蚂蚁还拿自己的幼仔去喂它们。因为贪食的蝴蝶幼虫在这个阶段放弃了植食性的生活。

"通常只有蚁后才能享受这样的待遇。"弗兰切斯卡说。

事实上，蝴蝶幼虫也模仿蚁后。它们的伪装不仅是化学性的 —— 以气味的方式，而且还主要是声音方面的。

它们以蚁后的声音和节奏"歌唱"。

它们有两个策略保证自己在蚁巢里生存下去。一个是布谷鸟借巢寄生那样的策略，一个是主动吃东道主幼仔的强盗策略。根据蝴蝶幼虫采用的不同策略，它们会改变发出的声音，以引起蚂蚁注意。布谷鸟融入鸟巢——就像蝴蝶幼虫被带进蚁巢，用科学术语来说是"被收养"——后会引起最大注意。强盗式的蝴蝶幼虫在被收养前显然发出最有吸引力的声音，它们在这个阶段对蚂蚁来说是最令其感兴趣的。

当我第二天参观实验室时，我看到了都灵科研团队记录蚁后和寄生蝴蝶幼虫声音的麦克风。那是很不显眼的仪器，就像很多记者拿的麦克风。但它能记录下人耳听不到的声音。借助频率图可以对这些声音进行分析和比较。

卢卡和弗兰切斯卡给蚂蚁播放蝴蝶幼虫的"歌唱"录音，并观察它们的反应。一旦工蚁听到这种声音，就立即开始喂食和清理行动，就像它们必须照顾蚁后一样。

如同在很多社会性群体中那样，蝴蝶幼虫也应该处在尽可能高的等级。没有谁比蚁后等级更高。因此这些外来者就像蚁后那样歌唱。

即便人们在数百年里把亚里士多德关于蝴蝶变态的知识大部分都忘记了，但也有一些有影响力的人物虽然不研究自然科学，却用另一种同样容易记住的隐喻手法去传授某些生物学事实。

在普遍害怕地狱的16世纪，甚至开明人士对死后情形的想象也像本书开头提到的耶罗尼米斯·博斯在其著名的三联画中描绘的那样。那个时代富有影响力的神职人员和学者圣女大德兰[1]（Teresa von Ávila）打造了精神和灵魂之间的比喻。

我不知道谁发明了这种说法：蝴蝶代表着灵魂。蝴蝶代表着死者的灵魂，死者以这种方式和生者交流；但也代表着生者的灵魂，生者净化自己的灵魂并因此能够和上帝契合。圣女大德兰为此在她的著作中使用了蚕的形象。蚕变成蛹，然后像圣女大德兰所称的那样"死去"并从蛹壳中羽化成蛾。她看到了蚕蛾，把它描述为白色（而蚕却是一只"虫子"），说它是人完成和上帝契合的象征。如果人通过祈祷并经受无数考验越过七个阶段，即圣女大德兰所称的"心灵城堡的七

---

1 圣女大德兰，亚维拉的德兰，又称耶稣的德兰，是16世纪的西班牙天主教神秘主义者、加尔默罗会修女、反宗教改革作家，同时是天主教会圣人，通过默祷过沉思生活的神学家。——译者注

个房间”，和上帝取得一致并实现与上帝意志的完全契合，那么他的灵魂就得到解放并完成"羽化"：变成了一只蝴蝶。她是这么称呼灵魂的。然而，蝴蝶在圣女大德兰的宗教叙述里，就像在我们的世俗诗歌里一样，是一个不安定的东西。对于这位修女和多所修道院的建立者来说，蝴蝶虽然内心完全平静，但它的生活方式却躁动不安。"它这儿吸一口，那儿吸一口。"它之所以这样躁动不安，是因为它到了上帝那里品尝了他的葡萄酒后对所有尘世的东西感到不满。

因此，她写到，如果蝴蝶觉得自己是尘世间的陌生者，那毫不奇怪。圣女大德兰认为，蝴蝶完全是有信仰的灵魂的象征。它代表着自我认识和自己真实的生活：认识到自己的限制和随后致力于关照别人的能力。对她来说，在冥想中生活并不意味着脱离周围的人，而是给予他们特别的爱。[1]

圣女大德兰在1582年去世。之后不久，她的书全部出版。在上帝的存在就像今天万有引力被认为是千真万确的时代，她那样的观念对人们认知非人类生物的方式具有重要影响。

---

[1]　参阅琳达·玛利亚·科尔道（Linda Maria Koldau）：《圣女大德兰：上帝的代言人——一部传记》（ Teresa von Avila. Agentin Gottes. Eine Biographie ）2014年在慕尼黑出版，第141页。

　　在这一点上令人惊讶的下列认识远远超越了鳞翅昆虫学：生物学的多个不同的基础植根于基督教的世界观。

　　让我们以20世纪末至21世纪初的一般科学家的生涯为例。我很自然地开始了自己的生物学家生涯，我选择生态学这个科目作为学习专业，与其说是因为从小就渴望当科学家，可能还不如说是因为祖母对我的基督教思想教育。我想"爱"我周围的事物，保护它们不受伤害。因为我是在农村长大，很多时间在野外度过，建造树屋，在那里面把成年人想象成危险的，但却把动物和植物想象成好朋友，它们无论如何属于"周围事物"。那导致的结果是，我最初的科研工作主要具有自然保护专业的性质：我们如何生活才能把对蝴蝶的打扰降到最小？

　　我们从开始说起。不是从时间之始，不是从大爆炸和其他地球起源假说开始，而是从一个更容易确定的时间点 —— 进化生物学之始开始。让我们从达尔文及其著作《物种起源》(*Über die Entstehung der Arten*) 说起。自1859年该书出版以来，进化论影响了我们的社会。我们人类可能不会像现在这样生活，如果达尔文及其同时代人的思想没有被发

表的话 —— 其中也包括英国自然科学家阿尔弗雷德·拉塞尔·华莱士[1]（Alfred Russel Wallace），他和达尔文同时提出了类似的进化论，也和达尔文有过通信联系，但从未发表。进化论是19世纪世界观的最大革新之一，（像我这样的）进化生物学家甚至会说，它就是最大革新。

　　当查尔斯·达尔文写出上述那本书时，他既不是为了提供宗教信仰的对立物，也不想挑衅。《物种起源》的开头就像是冒险小说："搭乘皇家'贝格尔'号周游世界时，作为博物学家，我对南美洲的生物分布以及现存生物和古生物的地质关系颇为留意……"[2] 他年轻时前往南美并周游世界，他把五年时间里乘船之旅的经历和观察写成了400页的总结。真正的著作后来才写成，那里面有他的物种起源理论。

　　为什么地球没有被蒲公英逐步覆盖，尽管每年有成千上万颗种子四处飘飞？达尔文用它所谓的"选择"原则来解释：在一个有机体群体内，那些最好地适应了生存环境的个体才

1　阿尔弗雷德·拉塞尔·华莱士（1823—1913），英国博物学家、探险家、地理学家、人类学家与生物学家。——译者注

2　引自译林出版社 2014 年出版的王之光译《物种起源》中的译文。——译者注

能生存下去。良好的适应性能会遗传下去，不好的会随着时间被淘汰，于是就产生了我们看到的变种或物种。这一切都是无目的地发生的 —— 这是一个重要的范式。从进化论来看，一头大象不比一只变形虫"更高级"。它只不过与我们有更近的亲缘关系。这个理论的原则简单性正是它的美妙之处。

生物亲缘关系引起了同情心。一种动物与我们的亲缘关系越近，我们就越能设身处地地为它着想。因此，通常来说，一个人伤害大象比伤害蝴蝶更难。

进化论中机械主义的生硬观点第一眼看上去几乎与人道主义思想无法统一。"适者生存"让人联想到的一切事物都带有本身存在法西斯主义危险的东西。以19世纪严格唯物主义解释的新达尔文主义会让一个人觉得它是无情的僵硬的理论，它融合了毫不妥协的机械主义世界观的所有坏特点。与此完全相反，对于很多当代的，或许可被称为后现代的生物学家（像我）来说，进化论是"慷慨的、灵活的"[1]东西，它的基础是多样性。

达尔文著作中最重要的东西很少被人提及：对每个个体

---

1 参阅斯蒂芬·杰·古尔德（Stephen Jay Gould）：《热心的倡导者》（*Zealous Advocates*），美国《科学》（*Science*）杂志 1972 年第 176 期，第 623—625 页。

借助色彩对照表可以确定蝴蝶种类。但每只蝴蝶本身都是独一无二的

独特性的认识，不论是贝类、小麦还是人。正如已经讲过的那样，达尔文绝不是他那个时代唯一思考进化论的人。即便他在书中不写明来源，最多只是顺便提到前辈和同辈，并声称那是"我的理论"——但进化论话题在维多利亚时代的英国可以说已经水到渠成。但达尔文可能是首个意识到并也让大众意识到任何生物都有不可思议的个性的人。没有两个生物是完全一样的，无论人还是蝴蝶，甚至一只扁虱和旁边灌木上的扁虱也不一样。

恰好达尔文把进化论写成文字，那可能是个偶然。但进化论出现在19世纪中期的英国，似乎没有太多偶然。与法国、德国或奥地利不同，那里有很多科学家是"自然神学"的拥护者。当欧洲大陆的科学家强调上帝为人类创造了世界以及所有为人类服务的生物时，英国科学家则关心包括人类在内的大自然的和谐。基督教信条和自然科学紧密联系在一起。自然科学家同时也是神学家，甚至在大学里生物学主要是神职人员讲授的。英国生物学家的上帝不停地完善其造物，人通过给这些造物编制目录并赞赏这些造物而最好地服务于上帝；德国和法国神学家的上帝在开天辟地之初创造了世界及其规则，然后把它交到了笨拙的人类手中。对于一个富有人道精神的物种多样性观察者来说，前一个上帝比后一个上帝更容易接近。有生命的自然当时被视为上帝存在的证据。进化论就像是理所当然地源自犹太教 — 基督教传统或是从它身边发展起来 —— 那种传统恰是我们今天视为进化论对立物的东西。

非生物学家可能会感到惊奇，但进化论者和蝴蝶研究者在很大程度上不能总是就他们所说的"物种"达成一致。对我们工作中的这个基本单位的定义从根本上说给我们提出了一个无法解决的问题。

"物种是指一个能够相互交配且生下具有生育力后代的群体。"[1]进化生物学家恩斯特·迈尔[2]（Ernst Mayr）是这样建议的。

如果一个物种就像（特别是在昆虫那里）经常发生的那样与其他物种杂交并生下了非同类的有生育力的后代，那么人们应该剥夺该物种的物种资格吗？

---

1 参阅恩斯特·迈尔：《分类学与物种起源》（Systematics and the Origin of Species），1942 年在纽约出版。

2 恩斯特·迈尔（1904—2005），德裔美籍生物学家。——译者注

2013年，一群专家给物种下了这样的定义："以基因来区别的群体成员。"[1]这些科学家强调，杂交导致物种形成，甚至会加速物种形成。物种之间进行基因交流的接触区现在被视为进化的推动力。

在科学行话中，人们谈到"真正的"或"好的"物种，和"正在开始的"物种，把它们作为想象出的连续谱的两端。从物种的角度说，这是荒唐的。物种必然是在人类观察者的视角中才是"真正的"。那么"正在开始的"物种的反面是什么？

这里我们达到了（进化）生物学哲学的一个临界点：一个内含的范式，一切生物体的选择在某个时候将会导致变成"真正的"或"好的"物种，也就是说它们没有基因交流，多少有些相互孤立。那样的话它们就达到了物种形成过程的"顶极"。

事实上，物种持续变化。每个生物学家都知道这一点。尽管如此，我们所说的在很大程度上仍像卡尔·冯·林奈 —— 一个幽默且敬畏上帝的人 —— 在250年前说的那样：

1　参阅理查德·艾博特（Richard Abbott）在 2013 年第 26 期《进化生物学杂志》（*Journal of Evolutionary Biology*）上发表的论文《杂交和物种形成》（*Hybridization and speciation*）。

"只有人是造物主认为值得用永恒灵魂去装饰的造物，他喜欢在有生命的造物中收养人类并赐予他们更好的生活。"但他在接下来的几行写到，造物主可能"很难找到把人和猴子区分开来的唯一标志，如果不是智齿的话"。他没有看到他这段话里存在的矛盾。如前所述，他是个充满幽默的人。林奈把人归入灵长目（Primate），人属（*Homo*），智人种（*Homo sapiens*）。但他最初确定种名时并不是在属名"*Homo*"后面加上第二个名字，而是加上了"nosce te ipsum"（认识你自己）这样的表述。直到他的著作出版到第 10 版时，他才把人的种名"*Homo nosce te ipsum*"改为"*Homo sapiens*"。第 10 版至今仍是动物学命名的基础。

　　如果以符合我们对物种了解 —— 即我们称为"物种"的生命实体之间没有明确界线 —— 的方式去谈论物种及其区别，那意味着在定义生物学的这个基本单位时接受了一定的模糊性。因此，一个物种可能同时具有两种状态，它能被看出是什么，但持续变化；不彻底，但却是完美无缺的。

　　我在我们（科学家）目前谈论物种及其进化的方式中听到了基督教之歌的回音。进化生物学的发现对我来说和上帝之死有联系。达尔文和尼采是同时代的人，那可能是偶然的，也可能不完全是偶然的。

在19世纪的时候，灵魂只是给人保留着的。目前，哲学家确信，动物，甚至植物可能也有灵魂。灵魂和身体是权利平等的，自那以来，灵魂 —— 在科学意识里 —— 失去了其宗教成分。林奈通过给生物命名而给它们注入了灵魂吗？

只要还存在上帝，生命的一个重要目标就是为了与上帝见面而把自己的灵魂塑造得纯洁。基督教传统中的伦理和精神规则都旨在不停地净化灵魂（例如通过忏悔），以便在身体死亡后灵魂到达上帝那里时保持最好的状态。

除了上帝，无人能够评价我们灵魂的状态。因此，灵魂设计已经变得过时，注意力都集中到了身体这个躯壳上。人是"一切事物中的一个事物"[1]，他表面上带有灵魂，在设计中显示自己。

我们作为生物学家也着迷于生物体的设计 —— 着迷于对最广泛意义的形式上的生物体进行设计，包括基因、氨基酸和分子。但与此同时可能也一直在寻找它们最内在的本

1　参阅鲍里斯·格洛伊斯（Boris Groys）:《思考的艺术》(*Die Kunst des Denkens*)，2012 年在汉堡出版，第 7 页。

质？即"灵魂"？

　　物种是我们现代的灵魂替代品吗？它们暂时是我们科学社会（潜在的）纯粹事实的储藏器吗？就像灵魂那样，一个物种无法被完美定义，但却追求"完美"，正如在维多利亚时代英国自然科学家们试图净化自己的灵魂以取悦上帝。

　　我们依赖自己。

　　我们是自己唯一的观察者。

　　我们洗刷我们的观念，以满足我们的美学要求。如果我们洗刷得更多一点，我们将会发现，不可统一的东西 —— 宗教传统和进化生物学 —— 根本不是那么不可统一。

优红蛱蝶和 "俄罗斯熊"

一再有人问，蝴蝶是否变少了。他们觉得是这样。在他们的童年时代，到处都能看到蝴蝶，甚至在城市里也是如此。现在，那样的时代过去了，因为他们只能看到 "白色蝴蝶"。当我回答情况没有这么糟糕时，对方往往很吃惊并坚决反对。

觉得过去50年里蝴蝶和其他昆虫的多样性及数量都下降了，那肯定也是对的。但这种感觉到的减少也因为成年人没有孩子观察得仔细。根据我的经验，一个坐在爸爸肩膀上穿过一片地区的三岁孩子能比一个没有经过这方面训练的成年人发现更多的蝴蝶。有趣的是，所有听完了我讲述自己工作的人后来都能更经常地看到蝴蝶。

如前所述，我童年时代对昆虫不是特别感兴趣。对我 —— 主观上 —— 来说，似乎蝴蝶越来越多。我越深入地研究它们，我就看到越多。如果我从巴黎市中心旅馆窗户往外看，在温暖的季节我肯定能看到一只蝴蝶，甚至可能是一只美丽的优红蛱蝶。

当鳞翅目研究者说到多样性时，他们到底指的是什么？

人们甚至在巴黎和伦敦等大都市从旅馆窗户观察到美丽的优红蛱蝶

那在最简单的意义上意味着：数一数种类。如果我想知道一片森林的蝴蝶多样性有多高，我就走进森林去数一数。如果我在多个地点用同样的方式去做，用相同的时间去数，同样仔细地去观察，这样重复多次，我就能估计这片森林在蝴蝶的多样性方面是什么样子。

环保政策方面的魔性词汇"生物多样性"只不过是指涵盖现有一切生物群体的物种多样性。

一个拥有100种物种的地区，它的多样性不总是和另一个拥有100种物种的地区一样。那是因为多样性不仅仅要看纯粹数字，而且也要看这些数字在各物种间的分配情况。

对于生物学家测量的多样性来说，不仅仅物种的数量很重要，每个物种的个体数量和物种群体的复杂性也很重要。

在一些地区，所有物种的个体数量分布相对平衡；在另一些地区，少数几个物种起主导作用，而其他物种只有少量的个体。前者被视为比后者更具多样性。

第一片树林：

1棵云杉

13只甲虫

2只粉蝶

1只松鼠

50种草

20种蚂蚁

13棵灌木

第二片树林：

15种树

狼

兔子

松鼠

獾

3种老鼠

21种蝴蝶

12棵灌木

10种蚂蚁

5种藓类

2种藤本植物

14种草

12种鸟

2种蜘蛛

各个物种之间的联系也很重要。联系越多，生态系统越复杂。这里的联系往往指：一个物种以另一个物种为食，或一个物种要寄生在另一个物种身上。生物学家认为，复杂性高比复杂性低更有价值。

如果把一个生态系统 —— 例如一片草地 —— 和一个人

相类比，那么根据这种逻辑，要是一个人拥有更多朋友（相当于生存空间内出现的物种），且这些朋友职业不同，而且他和这些朋友拥有工作联系和个人联系，无论如何拥有固定联系，那么他就比下文那样的人更具多样性，也就是说更有趣：自己单独生活，整天和别人没有联系，或者只认识和自己做同样事情的人，但和他们没有固定联系。如果还是拿自然情形来说的话，那么生物学家会认为一片山毛榉林比一片海湾草地或一片玉米地更有价值。

这主要是一种美学决定：对我这样一名科学家来说，一片有30种蝴蝶但每种蝴蝶密度都很低的草地要比一个每平方米拥有上百只同一种蝴蝶的地方更令人感兴趣。

罗德岛蝴蝶谷中的著名蝴蝶 "泽西虎"（英文名：Jersey Tiger，学名：*Euplagia quadripunctaria*），是后一种情形的例子。那里一眼望去有数千只这样的蝴蝶。

它们在树干和岩壁上组成图案，受到游人惊吓后会成群结队地飞行：那确实令人印象深刻。这种在德语中被称为 "俄罗斯熊" 或 "西班牙国旗" 的蝴蝶是一种蛾子，也就是说在晚上活动。在夏天那几个月里，大量成年蝴蝶白天一整天都趴在那里，对游人来说很容易观察。埃弗拉伊姆·基

一只"泽西虎"在吸食花蜜

雄[1]（Ephraim Kishon）在他的《晕船的鲸鱼》（*Der seekranke Walfisch*）一书中写到，他来到该岛上并没有看到传说中的上百万只蝴蝶。他可能不是在夏天去的。

此外，"俄罗斯熊"还出现在地中海周边的很多地方。据说，那些地方的苏合香树（*Liquidambar orientalis*）发出的（对人类来说也）好闻的脂香吸引了它们。"俄罗斯熊"会聚集在这种树的树干上。

现在我来反驳一下自己：一个地方如果只有一种世界上独一无二的蝴蝶品种，那么它也比一个拥有100种世界各地随处可见的蝴蝶品种的地方更有趣。

"俄罗斯熊"因为在世界上分布很广，因此不是这方面的好例子。它只是说明蝴蝶很美丽的一个例子。

这方面的好例子是高山地区蝴蝶，它们引人注目，分布地区不广，种类也不一定丰富。

白斑红眼蝶（*Erebia claudina*）只出现在奥地利阿尔卑斯山区的一部分地区，而且只出现在很高的地区，主要是在树

---

[1]　埃弗拉伊姆・基雄（1924—2005），以色列作家。——译者注

木带以上地区。它们的生活区是贫瘠的阿尔卑斯高山草甸，那绝不是中欧物种最丰富的地貌，但有世界上很多其他地方不存在的生物。

人们往往在岛屿上发现稀有物种，例如撒丁岛灰蝶（*Pseudophilotes barbagiae*）。这种蝴蝶体形很小，浅棕色，两翼展开往往只有1.5厘米宽，飞起来像蛾子，只出现在撒丁岛北部真纳尔真图山脉（Gennargentu）的少数山坡上。那些地方很普通，蝴蝶甚至在高速公路边上飞舞。只要山坡上长着百里香，撒丁岛灰蝶就能够生存。这种蝴蝶的生存空间总体上说物种不丰富，但因为它的存在而显得很特别。

这个故事的核心是：在某些情况下，从鳞翅目学的角度看，带有公路的斜坡可能比一片原始森林更有趣。

一个问题接着一个问题

"我是因为您才来的，"一位穿着印有一群蝴蝶图案T恤衫的先生急忙向我走来，"我一直在等您。我必须和您聊聊。我妻子认出了您，您是唯一一知道我在这个会议上对什么真正感兴趣的人。"

我受到恭维，也感到很吃惊。在8月份的这个温和的傍晚，欧洲蝴蝶协会的会议开幕了。在保加利亚布拉戈耶夫格勒美国大学的水泥板地面上摆起了桌子和椅子。饮料有温啤酒、葡萄酒和柠檬水。那位激动地和我说话的先生是以色列蝴蝶协会主席杜比·本雅米尼（Dubi Benyamini）。他的职业是工程师，目前已退休。现在，他的主要工作是研究各个生长阶段的蝴蝶。

他在报告中讲述了沙漠蝴蝶的蛹休眠多长时间。他拥有观察蛹在羽化前休眠多长时间的最大数据库，我想那也是世界上最大的此类数据库。

他一生都在收集和保存蝴蝶蛹，并等待它们羽化。他把这些经过写成书。有些蛹十年都没有变化，然后才羽化

出了蝴蝶。在他收集的蛹中，迄今为止的纪录保持者是贵
罗端粉蝶（*Euchloe falloui*）。蛹在休眠5430天（15年！）后才
羽化成蝴蝶[1]。贵罗端粉蝶除学名外只有英文名 "the Scarce
Greenstriped White"，它出现在撒哈拉沙漠、阿拉伯半岛、
以色列和约旦，属于粉蝶科。根据杜比·本雅米尼的研究，
这个科的蝴蝶蛹休眠时间最长；其次是凤蝶科，有些种类的
凤蝶蛹在羽化前休眠时间长达五年之久。

他用带有图表和Excel（一款电子表格软件）表格的
PowerPoint（一款演示文稿软件）课件详细展示了他要讲的
所有内容。他说，那是他儿子帮他做的。里面的内容至少包
含了40年的观察情况。

他在智利逗留三年期间把装着贵罗端粉蝶蛹的笼子交
给了一个朋友保管。幸运的是，三年后这些蛹毫无变化，因
此杜比能够亲自跟踪他所谓的 "世界冠军" 的羽化过程。他
在此次会议上展示了该过程。他对这些贵罗端粉蝶蛹进行了
40天不间断的录像，直至它们羽化成蝶。

---

[1] 参阅杜比·本雅米尼在 2008 年第 31 期《鳞翅目记事》（*Nota lepidopter-
    ologivca*）第 293—295 页发表的论文《贵罗端粉蝶（粉蝶科）是滞育期最长
    的蝴蝶吗？》[*Is Euchloe falloui Allard，1867（Pieridae）the Butterfly with
    the Longest Diapause？*]，这段话引自第 293 页。

杜比·本雅米尼向我提出的最迫切的问题涉及我所研究的莽眼蝶。我是怎样让它们产卵的？他从好多年前起就尝试这么做，但没有成功。他的蝴蝶趴在那里好几个月，却什么也没发生。

"它们就像我的蝴蝶一样，"我对他说，"以色列莽眼蝶和我从撒丁岛带回的莽眼蝶一样，它们在夏季休眠。"

他惊讶地看着我。

"那是因为地中海气候。最炎热的季节过去后它们才产卵，人们必须有耐心。在干旱的夏季，草很稀少，幼虫没有东西吃。直到秋季第一场雨下过后，草才重新长出来。"

"原来如此，"杜比说，"我把它们放在那里好几个月，最后它们没有产卵就都死掉了。"

"你给它们足够湿润的环境了吗？对于昆虫来说，在屋子里或房间里往往太干燥，必须经常加湿。"

"我把笼子放到花园里的树荫下。"

"此外还必须给它们喂食，你喂过它们吗？"

"喂食？没有。"

"你必须给它们糖水，那是最简单的方法。或者你削几片果汁多的水果，它们也能吮吸。"

雅各布·许伯纳描绘的欧洲粉蝶和菜粉蝶

"我必须试试！"他高兴地回答。

"那肯定行。我这么做总能成功。另一个方法是，给它们模拟提前到来的秋天。"

"你是怎么做到的？"

"我们大学的实验室里有人工气候柜，能够调节温度和昼长。我可以把昼长缩短到蝴蝶所需的秋季状态，8小时光照，16小时黑暗。温度也相应地变化。"

"我没有这样的柜子。"他若有所思地说。

"那样的话你就必须等待。或者你把你的蝴蝶给我，我能帮你让它们产卵。你可以尝试把它们活着邮寄过来。那在大多数情况下都能成功。"

"我下月可以给你带过来。届时我和妻子及堂兄弟将前往斯洛文尼亚参加登山运动。我们将飞到维也纳，在那里租一辆车。如果你能派人到机场去取蝴蝶，我就把它们带过去。"

"太好了，我们就这样约定了！"他的建议令我很激动。这样我将得到以色列蝴蝶，并能够检验以色列蝴蝶在基因方面是否和中欧蝴蝶或地中海蝴蝶有区别。

"如果你愿意的话，以后我也可以给你展示我们的实验室和人工气候柜。要是你能来我这里，我们可以一起去吃饭。"我建议道。

"吃煎肉排！"他说，"我无论如何想吃煎肉排。"

"一言为定。我请你。"

我曾计划喂养蝴蝶，欧洲范围内的蝴蝶。到过蝴蝶馆或者去过也展示蝴蝶的动物园的人都知道，那里通常展示热带蝴蝶。那不仅因为热带蝴蝶大多色彩艳丽且体形比欧洲蝴蝶更大，而且还因为一个更简单的原因：热带蝴蝶更容易喂养。热带蝴蝶品种的发育不受季节限制，一年能繁衍好几代。那意味着一直都有蝴蝶。与此同时，其他变态阶段也能看到。欧洲蝴蝶的情况更为复杂。它们需要温度变化，也需要季节更替带来的昼长变化，才能很好地发育。其中很多种类一年只繁衍一代，生命中的大部分时间是以幼虫或蛹的形态度过的，而参观者到蝴蝶馆是为了看蝴蝶成虫。许多欧洲蝴蝶品种还需要以很难全年栽培的寄主植物为食。例如一些野草蛋白质含量很低，蝴蝶幼虫以它们为食发育很慢，需要好几个月才能长大。另外一些品种以很难在温室种植的树木的叶子为食。那意味着，必须有人每天都给它们采摘新鲜食物。还有的品种以只在高山地区出现的植物为食。有些品种要么需要夏季休眠，要么需要冬眠，一些高山品种的休眠期甚至长达数年。

尽管如此，我也决定喂养欧洲蝴蝶。

莽眼蝶在幼虫阶段靠野草生活。即便其蛹不需要好几年的休眠期，喂养这样的蝴蝶也首先意味着：等待。

我这里的蝴蝶来自地中海地区，在炎热的月份要有几个月的夏季休眠。而它们这么做，是因为它们要吃草。如果生活在炎热地区，雌蝶通过休眠可以让腹内储存的数百颗受精卵免于被晒干，并因此度过地中海地区的夏季干旱期，直到秋季第一场雨后野草再次开始生长，然后它们才产卵。数天后几毫米长的幼虫孵化出来，随后立即或在几小时后开始吃草。

在自然界中，夏季休眠意味着蝴蝶在森林边缘或灌木中找一个地方，趴在那里尽量不动，只是偶尔飞起来寻找飞廉那样的蜜源，然后又消失掉。

喂养蝴蝶意味着，让它们在容器中趴几个月时间，几乎不去碰它们，但每天都给容器加湿并提供糖水。帮我喂养蝴蝶好几个月的一位大学生把这称为"灌水"。"灌水"对于喂养成功至关重要。

一个成年人怎么去喂蝴蝶呢？那与其说是科学家的事情，还不如说是孩子的事情，难道不是吗？在忘我地研究大多数人认为没有多少意义的事情方面，科学家和孩子的认真劲儿是相似的。

尽管如此，在主流科学界喂养蝴蝶，其实就算喂养动物目前也不流行 —— 除了果蝇或可以用来了解人类肠道菌群的样本生物。由于喂养蝴蝶的技术门槛很低，这部分研究主要给"业余爱好者"保留，我们要感谢他们提供了往往很难观察到的关于单个品种的大量细节生物学知识。

只有著名大学的少数科研团队才投身研究某种蝴蝶的单个阶段 —— 不论是蝴蝶个体还是蝴蝶种群。原因是，那是费时费力且很难预计结果的工作，往往没有在高质量刊物上发表论文的"回报"。想尽快成为教授的人对费时费力的蝴蝶饲养工作敬而远之，也对和活体生物有关的实验敬而远之。基因技术或理论更容易控制，也提供了更好的出版机会和由此带来的升迁机会。

大多数科学家在成长过程中放弃了蝴蝶的饲养工作。但不都是，这方面也有例外。

把喂养蝴蝶作为重要基础的两个著名科研团队目前由

非洲的蔽眼蝶属也能在英国喂养

英国剑桥大学领导，并把重点集中到热带蝴蝶品种上。这两个科研团队的一个"分支"以耶鲁大学为基地，目前正在新加坡搞研究，它由安东尼娅·蒙泰罗（Antónia Monteiro）领导。这位葡萄牙裔女科学家研究蔽眼蝶（Bicyclus）翅膀图案的发展。蔽眼蝶属分布在非洲。此外，她还研究某些基因如何影响翅膀上的眼斑图案。那使她有机会在报告中展示染色基因的漂亮照片。

　　当我在阿姆斯特丹开始读博士学位时，安东尼娅正好在荷兰莱顿大学保罗·布雷克菲尔德（Paul Brakefield）那里读博士后。保罗目前是剑桥大学动物博物馆主任，并领导一个著名的实验室，那里可以同时喂养数百只蔽眼蝶。保罗在写博士论文时也曾研究过我现在研究的莽眼蝶。

我们两人都在草地上一待就是数周或数月，或站或跑，手里拿着捕蝶网，在蝴蝶翅膀上做记号，数数目，看它们落到什么地方吮吸花蜜，在什么地方产卵。我们两人都研究理论上任何人都能看得到，但实际上几乎无人观察的动物的私生活。

但保罗比我早这么做了20年。后来他把注意力放到了非洲属上。我则继续研究莽眼蝶。我们每隔几年就在开会时碰到。

蝴蝶研究者以某种方式构成一个分支广泛的大家庭，其成员以某种方式相互认识，至少通过文献。人们对一个人的著作读得越多——即便它们是以科学专业术语写成，那么和这位同事就越"熟识"。甚至这种文体也能传达出作者的形象，尽管它是形式化的。这就意味着，即使你很少参加会议，几乎所有的国际同事你也能在这里或那里遇到一次。

蝴蝶学者圈内的第三大著名科研团队也把精力集中于一种新热带区蝴蝶——袖蝶属（Heliconius）。该科研团队目

前的领路人克里斯·吉金斯（Chris Jiggins）也以剑桥大学为
大本营。

很多动物园和蝴蝶馆都有袖蝶，它们的颜色相对较浅，
通常有红色、橘色或蓝色条纹。它们中很多品种是有毒的，
翅膀上的颜色警示敌人它们不可食用。但其他无毒的品种看
起来和有毒品种是一样的，因此鸟类和爬行动物等其他捕食
者会把它们从自己的食物清单上删除。

谁最先发现袖蝶并把它确立为研究对象，后来很难说
清楚。我认为是吉姆·马莱特（Jim Mallet），他长期在伦
敦大学学院（University College London）教书，几年前在那
里退休后就去了美国东海岸的哈佛大学。他为自己的进化
生物学研究选作样本生物的两种"心爱蝴蝶"是"*Heliconius
Melpomene*"（红带袖蝶）和*H.erato*（"红色邮差"，英文名：the
red postman）——其中"*H.*"是指*Heliconius*，如果一种动物
在文中被提及全名，之后生物学家们通常会把其属名简写。
这两种蝴蝶既可能看起来一样，那样的话其中一种就会从代
表着有毒的花纹中获益；而同一种蝴蝶的花纹又可能完全不
同，以至于人们可能会把它们视为两个品种。这使得它们对
于进化生物学家来说非常有趣。

红带袖蝶和"红色邮差"，1853 年的插图。新热带区的袖蝶属目前是进化研究的重要样本生物

几乎所有终其一生研究蝴蝶并试图在这个领域取得成就的人，早晚都会和这几个科研团队或相关属种的蝴蝶打交道，要么以参与一个博士后项目的形式，要么以实习的形式；或者研究已经做过的关于袖蝶或蔽眼蝶的实验，从中为自己的课题找到灵感。

我为什么要喂养蝴蝶？在我研究莽眼蝶的15年中，不论是通过在自然界中观察还是研究它们的基因，重要的问题一直悬而未决。

这些问题中有一个非常简单的问题，那是我向身为园丁的爷爷说我获得了博士头衔时他向我提问的。他的问题让我彻底陷入尴尬。

"你的蝴蝶到底吃什么东西？"这是我爷爷的问题。他继续问道："草，是的，但是是哪种草？"

我不太确定。文献中有各种猜测和观察结果，但只是说撒丁岛莽眼蝶只吃一种特定野草，欧洲莽眼蝶一点也不挑剔，只要略微像草的东西都吃。

我晚上开始拿着手电筒在灌木丛中爬行，因为莽眼蝶幼虫在夜间活跃。在撒丁岛茂密的灌木丛中爬行是一项非常费劲的工作。只有山羊能穿越那里而不被擦破皮肤。有一次我迷了路，一位同事不得不向森林管理员报警。

午夜时分，当我两手空空地回来时，两名森林工作人员在我的汽车旁边等我。我没有发现一只蝴蝶幼虫。

我研究的第二个问题是：荨眼蝶是怎样相互认识的？它们怎么知道对方是一只荨眼蝶而不是金凤蝶？它们是怎样确定哪只眼蝶适合作为配偶？它们到底能不能把人类认为不同种类的荨眼蝶区分开来？

我虽然对荨眼蝶进行多年研究但仍未得到答案的第三个问题涉及地中海地区雌蝶的夏季休眠：它们休眠多长时间？它们的"睡眠"有多深？它们怎么知道何时该醒来？什么时候足够湿润到可以产卵？

文献中也有人谈到这些问题，但都谈得不充分，似乎更多地基于猜测而非基于活体蝴蝶实验的准确数据。

我还能罗列一系列问题，每个问题都能引出另一个问题。这是科学的本质，也是鳞翅目学的本质。

我没再去想出更多问题，而是开始喂养蝴蝶。为此，我可以使用的设备包括两个所谓的人工气候柜，那是像冰箱一样的金属箱子，里面可以调节温度和光照条件。我曾和杜比·本雅米尼谈过这种设备。每天需要多少小时光照，多少小时保持黑暗，什么时候应该温暖，什么时候应该降温。

大体估算出我能喂养多少只蝴蝶后，5月底我在两名学生——安格莉娜（Angelina）和埃莱娜（Elena）——陪同下前往撒丁岛。

我们带着100只受精的雌蝶回来。其中一半是此地特有的撒丁岛莽眼蝶，一半是欧洲广泛分布的莽眼蝶。我们把蝴蝶放入专门为昆虫交易而出售的光滑半透明纸袋里。这种袋子就像以前用来装邮票的专用信封。我们把装进纸袋的蝴蝶再放进盒子里，然后把盒子放进手提箱。所有蝴蝶都未受损伤。

另外50只雌蝶是其中一位学生埃莱娜在维也纳附近捕捉的。如果我们把这三组蝴蝶放到相同条件下，我们就能检验地中海蝴蝶和中欧蝴蝶之间有哪些差异。

令人紧张的问题依然是：这些蝴蝶到底能产卵吗？

受两台人工气候柜的限制，我们只能模拟下列不同的生态状况：(a)光照时间长的夏天（16小时光照，8小时黑暗），(b)光照时间短的秋天（11小时光照，13小时黑暗），(c)有新鲜草料的夏天，(d)有新鲜草料的秋天，(e)没有草料的夏天，(f)没有草料的秋天。

　　接下来是等待。我们割草，主要是埃莱娜每天从我们研究所后面的植物园的草地上割草。园丁还专门为我们种植了盆栽。我们预订了紫羊茅（*Festuca rubra*）和多年生黑麦草（*Lolium perenne*）。紫羊茅生长更好，我们定时去收割，确切地说是埃莱娜去收割。几天后维也纳蝴蝶就产卵了，先是在秋天光照条件的气候柜里，随后也在另一个气候柜里。撒丁岛蝴蝶却怏怏作态。它们趴在气候柜里吮吸糖水，如果我们的手影惊吓到它们，它们偶尔也会扇动翅膀。这就是一切。

　　几周过去了。

　　维也纳蝴蝶死了。

　　撒丁岛蝴蝶还趴在那儿，吮吸糖水，偶尔扇动一下翅膀。在秋天光照条件下生存的蝴蝶随着时间流逝看起来比其他蝴蝶显得凌乱。或者那只是我们想象的？

　　埃莱娜割草，每天给蝴蝶喷水，把糖水滴到它们的口器边上。最后秋天条件气候柜里的地中海蝴蝶也开始产卵了。

　　埃莱娜清点卵的数量。

　　她每天都清点，哪天清点不了就请求她男朋友或同学或我去清点。

　　卵越来越多。上百只，上千只。

埃莱娜去药店给自己购买了咖啡因片。

卵孵化出了幼虫，它们吃得太多，我们不得不把它们放到生长的草上。我们请求园丁给我们提供盆栽鲜草。园丁很友好，现在我们经常得到盆栽鲜草。

秋天到了。

在撒丁岛上，所有莽眼蝶都在9月底10月初产卵。

冬天到了。

至少还有50只蝴蝶没有产卵。它们是夏天条件气候柜里的撒丁岛蝴蝶。无论有没有新鲜草料，那对它们产卵都没有影响。维也纳蝴蝶在此期间全都死掉了，它们的后代——幼虫最初是浅褐色的，然后变得越来越绿。幼虫在草叶上进食、排便，受到折磨的草叶发黄了。每当我们想换掉一盆被吃得差不多的草时，我们必须找到每只幼虫并用刷子或镊子把它们从草茎上移到新盆中。埃莱娜全心全意做这件事。

圣诞节到了。

埃莱娜问她的男朋友，能否在12月24日帮她喂蝴蝶。

秋天条件气候柜里已经没有任何一只蝴蝶还活着。

夏天条件气候柜里的大部分蝴蝶开始产卵了，产卵时间从几天到几周不等。它们开始的时候产几粒卵，接下来平均

荷兰画家扬·戴维茨·德希姆（Jan Davidsz. de Heem，1606—1684）在一个玻璃瓶上画的静物画中也有蝴蝶幼虫和小红蛱蝶

每天产20粒卵，少数几只每天产上百粒卵，到最后每天又产几粒，直至产完。

一些蝴蝶一直活到第二年2月。

当活得时间最长的雌蝶死掉时，埃莱娜给我发了一条庆祝的短信。这只蝴蝶活了285天，是在自然界生存时间的三倍长[1]。那是一只撒丁岛莽眼蝶。

据我所知，这创下了一只欧洲蝴蝶寿命最长的纪录。此前还没有观察到欧洲蝴蝶能活这么长时间，至少没有这样的记录。

草盆里爬满了绿色的幼虫。

第三个问题因此得到了解答。雌蝶根据每天光照时间的变化知道什么时候产卵。至少地中海地区的蝴蝶是这样的。如果它们是维也纳雌蝶，它们会尽快产卵。维也纳整个夏天都能长草。

对蝴蝶感兴趣的人向我提出的另一个问题可能也可借此

1　参阅埃琳娜·赫勒（Elena Haeler）、康拉德·弗德勒（Konrad Fiedler）、安德烈娅·格里尔（Andrea Grill）：《什么会延长蝴蝶的寿命？——休眠、繁殖力和身体尺寸之间的平衡》（*What Prolongs a Butterfly's life? The Trade-Offs between Dormancy, Fecundity and Body Size*）网址：http://journals.plos.org/plosone/article?id=10.1371/journal.pone.0111955。

得到答案。这个问题是：蝴蝶成虫到底能活多长时间？答案
是：一些蝴蝶最长能活285天。

仍没有得到回答的是第一和第二个问题。还有一个新问
题也没有得到答案。蝴蝶如何做到在必要情况下使寿命延长
到自然状态下寿命长度的三倍？它们是怎样从生理和基因方
面做到的？它们的秘密是什么？

我爷爷现在已经去世了。

那两名女大学生现在都成了训练有素的生物学家。

其中一个人还生了孩子。

来自以色列的蝴蝶也产了卵。

我的余生可能会作为眼蝶的雇工度过。它们将向我透露
什么，目前还无法预见。

肖像

　　这里介绍的品种只是欧洲大陆上有名的蝴蝶。自卡尔·冯·林奈1758年创立动植物双命名法以来，欧洲已经记录下了500多种蝴蝶。在数千个鳞翅目种类中，这只是一小部分。我在这一部分中又把选择限制在白天飞行的蝴蝶上，因为它们是我研究的对象，而且对业余爱好者来说它们更容易观察。除了白天活动外，它们还有一个统一的特点：它们的触角顶端变粗呈棒状。夜蛾的触角是线状或扇形的。

　　欧洲蝴蝶包括六个科：蛱蝶科（Nymphalidae）、凤蝶科（Papilionidae）、灰蝶科（Lycaenidae）、粉蝶科（Pieridae）、弄蝶科（Hesperiidae）和蚬蝶科（Riodinidae）。如果人们知道一只蝴蝶属于哪个科，在确定它的种类时就容易多了。原则上说，蛱蝶科和凤蝶科个头很大，色彩艳丽，类似于孔雀蛱蝶或金凤蝶。灰蝶科体形较小、行动灵巧，身体为蓝色或褐色。粉蝶科稍大，身体更透明，颜色浅亮，大多是白色或黄色。弄蝶科体形短小结实，头部明显偏大。蚬蝶科是一个相当异类的群体，在欧洲只有一种蝴蝶：橙红斑蚬蝶。

　　选择这些蝴蝶来展示，完全出于我的个人偏好。我的研究重点是莽眼蝶科，它们受到特别关注。

　　这些蝴蝶有的没有德文名，因为它们未出现在德语地区，也不太出名。它们往往也没有通俗名字，只有学名。在这种情况下，我必须发明一个名字。每种蝴蝶文字介绍右边的图案展示了蝴蝶的正面，与它们的实际大小相符。

莽眼蝶

学　名：*Maniola jurtina*，林奈，1758 年
德文名：Ochsenauge
英文名：Meadow brown
法文名：Myrtil

　　莽眼蝶的德文名直译为"牛眼"——为什么叫这个名字以及为什么 19 世纪的法国挂钟上也带有这种蝴蝶的图案，都令人困惑不解。莽眼蝶是隐身高手。如果有人向它们走得太近，它们就把翅膀合上，在被人看到之前它们就像树叶一样掉落到地上。刚才这个地方还有一只蝴蝶，转瞬间就什么都没有了。其实每个人肯定都见过这种蝴蝶，只是几乎没有人注意到它们。莽眼蝶是欧洲最常见的蝴蝶，分布在整个大洲，只有最北部是例外。但过去几十年里随着气候变暖，莽眼蝶也往那里迁移。莽眼蝶在海拔 0~1500 米的空间活动。

　　莽眼蝶一年只繁殖一代。根据不同的地理状况，它们的飞行期为每年的 3 月至 9 月。卵被产下几天后就孵化成还不到一毫米长的幼虫。它们是透明或浅褐色的，一旦开始进食，身体每过一小时都变得更绿，直至最后几乎和它们所附着的草茎无法区分。莽眼蝶幼虫以禾本植物为食，例如早熟禾和羊茅草。它们大部分在夜间活动。它们以幼虫形式越冬。第二年春末才羽化成蝴蝶。

♀

♂

撒丁岛莽眼蝶

学　名：*Maniola nurag*，朱利亚尼 [1]（Vittore Ghiliani），1852 年
德文名：Sardisches Ochsenauge
英文名：Sardinian meadow brown
法文名：Myrtil sarde

  这种蝴蝶从 15 年前起就成为我最重要的雇主。自从我的博士论文以它为研究对象后，我的大部分研究项目都围绕它展开。撒丁岛莽眼蝶只生活在地中海撒丁岛上 700 米以上的山地地区。它们的生活空间和莽眼蝶有交叉。莽眼蝶主要生活在 700 米以下的地区。在中等高度的交叉生活空间，这两种蝴蝶混杂而居，而且也杂交，其后代在形态上处于它们两者之间。撒丁岛莽眼蝶比欧洲莽眼蝶明显更小，雄蝶的翅膀图案特征很明显，上面有显眼的橘黄色斑点。如果有人问我，我会说撒丁岛莽眼蝶是所有莽眼蝶中最漂亮的。

  这种蝴蝶在每年 5 月底至 9 月底成群飞行，最多的时候会有上千只一起飞行。但人们必须知道它们在哪里。如果开车去撒丁岛碰碰运气，见到它们的机会很小。它们喜欢草地上的灌木丛和单棵树木，温和的放牧环境它们也能忍受。它们往往生活在蝴蝶研究者很难攀登的陡峭山坡上。它们也有几个月的夏季休眠，直到秋季才结束休眠去产卵。这种休眠不是完全失去意识，而是一种轻度嗜睡症，人们可以通过抽打灌木丛唤醒它们。

1　朱利亚尼（1812—1878），意大利昆虫学家。——译者注

♀

♂

土耳其莽眼蝶

学　名：*Maniola telmessia*，泽勒，1847 年
德文名：Türkisches Ochsenauge
英文名：Turkish/Aegean meadow brown
法文名：Myrtil de Zeller

　　"这两只雄蝶和四只雌蝶的外表与 Janira（莽眼蝶）不同的突出特点是：它们的翅膀更短更圆，正面颜色更红，背面颜色更灰，前翅背面眼斑与浅褐色阴影线之间的距离更大。"昆虫学家菲利普·克里斯托夫·泽勒[1]（Philipp Christoph Zeller）1847 年如此描述这种蝴蝶。泽勒在柏林大学学习，后来到格洛高和缅济热茨教书，现在这两座小城都位于今天的波兰。他在对土耳其莽眼蝶的首次描述中继续写道："翅膀的形状让它们有权自成一个种类，因为其他 Janira 变种的翅膀没有这么圆。"在泽勒的时代，莽眼蝶还属于仁眼蝶属（*Hipparchia*），今天被称为"*Maniola jurtina*"（莽眼蝶）的蝴蝶当时被称为"*Hipparchia janira*"。这位昆虫学家在罗德岛和土耳其大陆边上的马尔马里斯岛上采集土耳其莽眼蝶，并在那里捉到了两只雄蝶。他在罗德岛和对面的马克里岛上捉到了四只雌蝶。"雄蝶体形小于我们的莽眼蝶，前翅上的黑色粗糙斑点更为显眼，眼斑的红黄色镶边更宽，此外翅膀中脉的各支脉之间分界不清的区域是红黄色的。"这种莽眼蝶也生活在野草丰盛的地方。雌蝶夏天会休眠。

1　菲利普·克里斯托夫·泽勒（1808—1883），德国昆虫学家。——译者注

♀

♂

博德鲁姆莽眼蝶

学　名: *Maniola halicarnassus*，汤姆森，1987 年
德文名: Bodrum-Ochsenauge
英文名: Bodrum meadow brown
法文名: Myrtil de Thomson

　　这种莽眼蝶只出现在土耳其东南边境较小部分地区、博德鲁姆半岛以及对面的希腊尼西罗斯岛。这种蝴蝶是乔治·汤姆森（George Thomson）1990 年记录的。就生活空间和生活方式而言，博德鲁姆莽眼蝶和其他莽眼蝶一样。它们一年繁殖一代，蝴蝶成虫在每年 5 月至 9 月间飞行，秋天往往只能找到雌蝶，夏天它们躲在阴暗的地方度过休眠期。汤姆森在 1991 年用电子显微镜对莽眼蝶及类似种类的卵进行对比研究并拍照记录。他在研究论文中写到，博德鲁姆莽眼蝶的卵有 9~18 条横纹，而体形更小、在其他方面都和它长得很像的土耳其莽眼蝶的卵有 14~16 条横纹。大约一周后卵就孵化出微小透明的幼虫，它们立即就开始吃身边的禾本植物（早熟禾或羊茅草）。人们通过蜕皮次数衡量幼虫的年龄。在它们最终长大之前，它们必须多次蜕皮。新皮在旧皮下面长出。蜕皮时幼虫变得臃肿，直至旧皮破裂，它们带着新皮从旧皮里爬出来。某些种类蝴蝶的蜕皮次数是固定的。博德鲁姆莽眼蝶幼虫的蜕皮次数不固定，为 5 次或 6 次。做个比较：莽眼蝶幼虫蜕皮 6 次，而体形较小的土耳其莽眼蝶的幼虫只蜕皮 5 次。

♀

♂

阿克贝斯莽眼蝶

学　名: *Maniola megala*、奥贝蒂尔、1909 年
德文名: Akbès-Ochsenauge
英文名: Akbès meadow brown
法文名: Myrtil de Lesbos

　　7 种莽眼蝶中体形最大的一种是查尔斯·奥贝蒂尔[1]（Charles Oberthuer）1909 年在离叙利亚阿勒颇不远的哈塔伊省记录下来的。他记录了 7 只雄蝶和 9 只雌蝶的地方叫阿克贝斯，位于今天的叙利亚。奥贝蒂尔写到，后翅突缘比本属其他种类更加明显，雌蝶颜色的灰更加深，"正面黄色更少，后翅顶点区域有一个黑点"。这个斑点实际上是一个富有特点的标志。另一个特色标志是整体颜色更加深灰，眼斑从中凸显出来。雄蝶前翅正面的发香鳞也颇具特色。阿克贝斯莽眼蝶的生态情况不太为人所知。或许它也经历本属其他种类那样的各个阶段，并以同样的草类为食。

　　在奥贝蒂尔的时代，阿克贝斯莽眼蝶的标本采集地点是一个严规熙笃隐修会修道院[2]，那并不令人惊奇，因为他多次委托修道士为他采集蝴蝶。由他首次记录的昆虫多达 45 种，其中大部分是蝴蝶。

　　查尔斯·奥贝蒂尔是法国雷恩一个印刷厂主的儿子。他从 9 岁就开始收集昆虫。他一生最终拥有 1.5 万多个装着玻璃罩的盒子，它们盛有大约 500 万只昆虫。

1　查尔斯·奥贝蒂尔（1845—1924），法国昆虫学家。——译者注
2　严规熙笃隐修会是一个严格遵行圣本笃会规的隐世天主教修道会，又称特拉比斯会或特拉普会，是熙笃会的一个分支。该隐修会始自 17 世纪法国诺曼底地区的特拉普修道院发起的改革运动，旨在追求更加俭朴的生活方式，并最终于 1892 年独立于原熙笃会。——译者注

♀

♂

金凤蝶

学　名：*Papilio machaon*，林奈，1758 年
德文名：Schwalbenschwanz
英文名：Swallowtail
法文名：Machaon

金凤蝶往往能飞行数百公里。它们通常单独飞行。为了能与其他同类再次相遇，它们需要相遇地点。对这种以及其他喜欢流浪的品种来说，这意味着它们需要不断地飞向一个地区的最高点。这种行为在专业语言中被称为"登顶"（hilltopping）。根据不同的环境和地形，金凤蝶花很长时间环绕飞行直至找到配偶或当天气转差后才会驻足的顶峰，可能是阿尔卑斯山区的一座高峰或维也纳市郊和柏林格吕讷瓦尔德的一座山丘。

金凤蝶属于凤蝶科。该科在全球各地都有分布，是外表最华丽、颜色最丰富的蝴蝶种类。所有种类的凤蝶的共同之处是，它们在幼虫阶段都带有一个武器：一个有警示颜色的外翻颈叉，在危险情况下能从头的后部翻出来挤出淋巴液。为了强调这个附件的震慑作用，幼虫还释放一种难闻的分泌物，让蚂蚁等敌人畏惧而逃。

幼虫的寄主植物包括伞形花科植物，例如当归和大茴香——不要与我们喜欢吃的意大利炖饭中的小茴香混淆。但小茴香也属于伞形花科。

♀

♂

阿波罗绢蝶

学　名：*Parnassius apollo*、林奈，1758 年

德文名：Apollofalter

英文名：Apollo

法文名：Appolon

　　这个名字已经非凡无比。阿波罗是光明、诗歌、音乐和青春之神；是居住在奥林波斯山上的众神之王宙斯和哺育女神勒托之子。绢蝶的属名"*Parnassius*"源自缪斯女神们所在的希腊中部帕纳斯山（Parnass）。德尔菲（Delphi）的古代神庙也是献给阿波罗的。这种蝴蝶的名字至今还一直使用林奈 1758 年命名的形式。几乎没有人看到它们，很多人都是从别处听说的。阿波罗绢蝶翼展可达 9 厘米，是欧洲体形最大的蝴蝶之一。它们出现在从西班牙至斯堪的纳维亚，往东至西伯利亚的大型山脉中，生活在海拔 1000 米以上至 2500 米的地方，那取决于幼虫的寄主植物白景天（*Sedum album*）或紫景天（*Sedum telephium*）生长在哪里。

　　阿波罗绢蝶的卵在极端寒冷的生活环境中越冬，第二年春天孵化出幼虫。幼虫只在晴天进食。在恶劣气候条件下，阿波罗绢蝶的卵最多能度过两年时间。幼虫在石头或青苔底下变成蛹。蛹壳非常薄。

　　因为阿波罗绢蝶很稀少且生存环境很脆弱，它们在欧洲被视为遭受严重威胁，因此受到国家法律和国际法律保护。捕捉阿波罗绢蝶是绝对被禁止的。因为它们有毒，蜥蜴和鸟类都对它们避而远之。

♀

♂

红襟粉蝶

学　名: *Anthocharis cardamines*，林奈、1758 年
德文名: Aurorafalter
英文名: Orange tip
法文名: Aurore

　　每年 3 月底人们就能在天气晴好的时候观察到红襟粉蝶。雄蝶的橘黄色翅尖是独特的。雌蝶的纯白色翅膀和其他种类粉蝶的翅膀很像，例如欧洲粉蝶。翅膀背面明确表明了它们的身份。谁想喂养这种蝴蝶，必须用细针小心地把它们的口器挑出来放到糖水里，它们才开始吸食。它们很少自己吸取提供给它们的糖水。

　　红襟粉蝶一年繁殖一代，它们出现在整个欧洲，往东经中东一直到日本都有分布。它们以蛹的形式越冬。幼虫以草甸碎米荠（*Cardamine pratensis*）或其他十字科植物为食。它们独自行动。它们通过身体颜色完美伪装，几乎和寄主植物的茎没有区别。经过 5~7 周进食阶段后，幼虫变成蛹，并附着在植物（往往是寄主植物）离地面很近的地方，而且也伪装得很好——看起来就像是一根刺或一段木头。在这个阶段，蛹要保持这种状态长达 10 个月之久，第二年天气转暖后羽化出蝴蝶。大概在 5 月底，蝴蝶把卵一粒一粒地粘在寄主植物的叶子或茎上。几天后卵就孵化出幼虫，它们立即就开始进食。

♀

♂

黄星绿小灰蝶

学　名：*Callophrys rubi*，林奈，1758 年
德文名：Brombeer-Zipfelfalter
英文名：Green Hairstreak
法文名：Thécla de la ronce

　　这种蝴蝶因为其颜色而令人倾倒。不仅幼虫，而且合上翅膀的蝴蝶成虫看上去都是翠绿色——尽管它们属于灰蝶科。在这种绿色上面，一条亮线横穿前翅和后翅，就像速写画上去的。当它们变得更老——用专业术语说"飞旧了"——以后，它们就褪色了。这条线在绿色幼虫身上就已经存在，这条线后来变成翅膀上的线。这种蝴蝶另一个特点是，后翅末端有小角凸出来。

　　只要人们认识它们，其实到处都能看到它们。黄星绿小灰蝶分布极广，在所有高达 2500 米的山地地区都有它们的身影。这种蝴蝶在各个方面都很灵活，对生存环境要求不高。幼虫可以吃多种不同的植物，例如半日花、委陵菜、染料木属、欧洲越橘或笃斯越橘。它们喜欢吃花和嫩果实。这种蝴蝶以蛹的形式在石头下、树叶下、青苔下、树干基部或寄主植物丛中越冬。蛹可以通过摩擦腹部后半部分发出微小的声音[1]。这种声音是用来干什么的，目前还不清楚。那可能对吓唬想吃它们的敌人有一定作用。

---

[1] 参阅约翰·唐尼（Jonh Downey）《灰蝶蛹的发声》，网址：http://images.peabody.yale.edu/lepsoc/jls/1960s/1966/1966-20%283%29129-Downey.pdf。

♀

♂

朴喙蝶

学　名：*Libythea celtis*，莱夏廷 [1]（Johann Nepomuk von Laicharting），1782 年
德文名：Zürgelbaumschnauzenfalter
英文名：Nettle-tree butterfly
法文名：Échancré

　　看看朴喙蝶的外表，就能发现这种蝴蝶（不论雄蝶还是雌蝶）的典型特征：人们刚看到它们，它们就消失了。它们的外表看起来就像是一片带着残柄的枯叶。它们一旦张开翅膀，叶柄就会变成在昆虫那里所称的"触须"（Palpen）。"触须"一词源于拉丁词汇"palpare"（意为抚摸，触摸）。

　　触须不是用来咀嚼的，而是口器两边的味觉和嗅觉器官。因为这种引人注目的触须，朴喙蝶看起来具有异国情调。这种联想有一定的道理：朴喙蝶产于欧洲南部地区，往南往东分布至北非、土耳其直至亚洲有欧洲朴树（*Celtis australis*）生长的地方。在中欧，这种蝴蝶最北出现在匈牙利、奥地利南部和南蒂罗尔。顺便说一句，这种蝴蝶最早是 1782 年在南蒂罗尔被记录下来的。在南蒂罗尔，朴树果实也被用来制造果酱和烧酒。这种蝴蝶在世界上并不罕见，但往往只能在很特定的地方观察到。有时能看到较大数量的种群，因为这种蝴蝶经常成群地聚集到潮湿的地面上吸食水分及其中含有的矿物质。最近在维也纳大学的植物园里还发现了几只朴喙蝶。

1　莱夏廷（1754—1797），奥地利昆虫学家。——译者注

♀

♂

金斑蝶

学　名：*Danaus chrysippus*、林奈、1758 年
德文名：Kleiner Monarch
英文名：Plain Tiger
法文名：Petit monarque

　　欧洲处于金斑蝶分布区的边缘地带、但金斑蝶在印度和非洲却是最常见的蝴蝶之一。由于飞行能力突出，它们能从原产地飞到地中海沿岸。原则上说它们能生活在各种不同的环境中，从沙漠到花园再到高山地区。金斑蝶一年繁衍好几代，主要的寄主植物是乳草属。为了躲避天敌，它们发展出了一项特殊策略：幼虫从寄主植物叶子中吸取有毒物质，即所谓的"生物碱"（例如吗啡就是一种生物碱），并将其融合到自己体内。这种苦涩的味道经过各个变态阶段后仍然保留下来，因此金斑蝶在成虫阶段也不好吃。吃过一只金斑蝶的动物会记住这种味道，以后对所有类似的蝴蝶都会嘴下留情。金斑蝶善于应对攻击。它能装死并分泌一种难闻的物质，借以败坏攻击者的兴致。

　　为了吸引雌蝶，金斑蝶使用另一个花招。雄蝶的后翅上有特殊的发香鳞，能发出性信息素。它的腹部末端甚至能外翻出一把可展成扇形的刷子。它借此在求偶飞行中发出打动对方的气味。

♀

♂

蛇眼蝶

学　名：*Minois dryas*，斯科波利 [1]（Giovanni Antonio Scopoli），1763 年

德文名：Blauäugiger Waldportier

英文名：Dryad

法文名：Grand Nègre des bois

　　这种漂亮蝴蝶的幼虫就像其他所有欧洲莽眼蝶那样以禾本植物为食。例如在天蓝麦氏草、拂子茅和直立雀麦上都能观察到蛇眼蝶幼虫。蛇眼蝶一年繁殖一代，蝴蝶成虫在每年 6 月底至 9 月初飞行，它们出现在森林边缘或林间空地，那些地方往往比较潮湿。第一次蜕皮前的微小幼虫能够越冬。第二年春天野草长出时，幼虫再次进食并生长。它们在初期阶段是白天活动，直至 4 月都能在草叶上观察到它们。当它们长得更大的时候，就改为在夜间活动。

　　幼虫在晚春变成蛹前有一种特殊行为：幼虫为自己挖一个浅洞，届时蝴蝶从那里的蛹中羽化。雌蝶的眼斑比雄蝶明显更大，它们不在寄主植物上产卵，而是直接让卵落地。蛇眼蝶喜欢温和的气候，其分布区横穿整个欧洲，从西班牙北部经法国、意大利北部、奥地利、德国南部一直到土耳其的欧洲部分。

　　但蛇眼蝶不常见，可能的原因是幼虫的寄主植物喜欢贫瘠土壤。这样的土壤因为普遍施肥而变得稀少了。另一个原因是寄主植物草料很早就被收割，年轻的幼虫被一起运走。

1　斯科波利（1723—1788），意大利物理学家和自然科学家。——译者注

♀

♂

单环蛱蝶

学　名：*Neptis rivularis*，斯科波利，1763 年
德文名：Trauerfalter
英文名：Hungarian Glider
法文名：Sylvain des Spirées

　　不要把这种蝴蝶和与其德文名字相似的黄缘蛱蝶混淆。这两种蝴蝶都符合中欧多愁善感者的口味，至少是在诗人那里。内莉·萨克斯[1]（Nelly Sachs）在 1961 年所写的《影子的合唱》一诗中召唤它作为反抗纳粹暴行和大屠杀的证人："哦，我们束手无策的单环蛱蝶 / 被困在一颗安静地不停燃烧的星球上 / 当我们不得不在地狱里跳舞 / 操纵我们的人还只知道死亡。"

　　它们本身不知道自己引起的忧伤。其英文名"Hungarian Glider"[2]更多地说明了它们在相对较高的地方缓慢飞行的生活方式。

　　单环蛱蝶出现在阿尔卑斯山脉东部、瑞士南部、奥地利一部分地区以及该国东南部。它们的大本营还要继续往东南推进，经中国一直延伸到日本。

　　它们更多地在潮湿地面上而非在花朵上吸食，正如其学名"*rivularis*"[3]表明的那样：它们的目标是岸边斜坡或水淹过的地方，有时是鸟类排泄物。

　　单环蛱蝶幼虫主要吃蔷薇科植物或绣线菊属的柳叶绣线菊。单环蛱蝶非常精确地把卵产在寄主植物叶尖边缘，那往往是中间叶脉的末端。孵化出的幼虫会沿着这条叶脉啃食这片叶子。它们有时会在用叶片剩余部分卷成的筒中越冬。

1　内莉·萨克斯（1891—1970），德语诗人、剧作家，在德国柏林出生，1940 年流亡瑞典，1952 年加入瑞典国籍。——译者注

2　直译：匈牙利滑翔机。——译者注

3　意思为"生于水边的"。——译者注

♀

♂

黄缘蛱蝶 [1]

学　名：*Nymphalis antiopa*、林奈、1758 年
德文名：Trauermantel
英文名：Camberwell Beauty
法文名：Morio

　　"我若有所思地望着你 / 你这长着灰翅膀的蝴蝶 / 啊，我的灵魂和你 / 是多么相像"，维也纳诗人费迪南德·冯·萨尔（Ferdinand von Saar，1833—1906）这样描写黄缘蛱蝶。他是所谓的奥地利现实主义文学的一个代表。他的同事、德国吕贝克诗人古斯塔夫·法尔克（Gustav Falke，1853—1916）也有类似的联想。在他那里，花儿与这种蝴蝶相比也黯然失色："孤独的罂粟在坟边灼灼燃烧 / 一只蝴蝶围着它转出了颤抖的圈 / 一只丧服蛱蝶。阳光洒在地上 / 这个灰色杂耍者的黑色翅膀投下了唯一的影子 / 它围绕美丽的罂粟的火焰飞舞 / 渐渐地，我似乎觉得罂粟花的血从脸颊上消失 / 花朵变得苍白，枯萎成一团 / 但黑色的翅膀依然围绕熄灭的火焰飞舞 / 直到从路那边刮过一阵风 / 把蝴蝶带到田野里。"

　　尽管黄缘蛱蝶的名声不好，但它们属于中欧最漂亮的蝴蝶之一。它们的翅膀正面是葡萄酒红色，带着蓝色斑点，翅膀边缘有浅黄色的镶边。它们是一种漫游蝴蝶，也是出色的飞行者。黄缘蛱蝶羽化之后就开始飞翔。人们在不同的地区都能发现它们，它们活动的地方最高超过 2000 米。

　　黄缘蛱蝶把卵产在河谷里，幼虫在它们围绕自己和一些树叶织成的丝网内发育。黄缘蛱蝶以成虫的形式躲在树洞或道路排水管等黑暗的地方越冬。这种蝴蝶往往在花朵、掉落的水果或水淹过的地面上吸食。

1　别名丧服蛱蝶。

♀

♂

潘豹蛱蝶

学　名：*Argynnis pandora*，丹尼斯（Michael Denis）和
　　　　席费尔米勒（Ignaz Schiffermüller）[1]，1755 年
德文名：Kardinal
英文名：Cardinal
法文名：Cardinal

　　潘豹蛱蝶幼虫专门以充满浪漫色彩的植物为食：堇菜和三色堇。雌蝶把卵产在寄主植物叶子上或者寄主植物附近。幼虫吃掉卵膜，在第一次蜕皮前不再进食其他东西就能越冬。潘豹蛱蝶的生活空间是拥有丰富蜜源的宽阔林地和稀疏针叶林的林间空地。潘豹蛱蝶喜欢吸食飞廉属、矢车菊和其他菊科植物的花朵。

　　这种蝴蝶分布在南欧、西欧、东欧、北非、俄罗斯、中东和亚洲喜马拉雅山区。在中欧，潘豹蛱蝶是稀客，德国南部偶有发现，在奥地利和瑞士也只被视为外来客。

　　潘豹蛱蝶一年繁殖一代，在每年 5 月至 9 月间飞行，喜欢短途迁徙。在炎热的夏天，它们退回山里。人们可能会把潘豹蛱蝶和绿豹蛱蝶（*Argynnis paphia*）混淆。但潘豹蛱蝶正面略显黄绿色，前翅背面是枢机红色，这是它和绿豹蛱蝶的区别。它的名字"Cardinal"直译为"枢机主教"，源于天主教枢机主教长袍纽扣的颜色。这种红色最初是从紫螺中提取的，提取 1 克染料需要大约 8000 只紫螺。这种珍贵的染料强调了枢机主教的尊贵。

1　丹尼斯和席费尔米勒，两人都曾在维也纳特蕾西亚学校任教。——译者注

♀

♂

白钩蛱蝶

学　名：*Polygonia c-album*、林奈、1758 年
德文名：C-Falter
英文名：Comma butterfly
法文名：Robert-le-Diable

　　这种蝴蝶的德文名之所以叫"C-Falter"[1]，是因为其后翅背面明显可见的金属光泽斑点构成字母"C"的形状，或者让人联想到英语地区使用的逗号。

　　白钩蛱蝶在整个欧洲都很常见。因为它有完美的伪装技术，所以往往被人们忽视。如果它合上翅膀趴在那里，凹凸不平的翅膀边缘使它看起来就像一片枯叶。这种蝴蝶一年繁殖两代，在地中海地区甚至繁殖三代。夏型（夏天的那一代）是浅棕色，冬型（冬天的那一代）的棕色更深一些。翅膀的颜色变化是由于幼虫和蛹阶段每日光照时间不同引起的。冬型因为颜色更深更容易伪装。第二年天气转暖后人们能在开花的柳树上观察到从冬眠中醒来的白钩蛱蝶，随后一代则在掉落的果实或醉鱼草等花蜜丰富的花园植物上吸食。6月至8月可以观察到第一代蝴蝶成虫，8月中旬至来年春天可以观察到第二代蝴蝶成虫。在飞行季持续到10月底的地方，白钩蛱蝶在夏季可以繁殖两代，它们的体色都较浅。

　　幼虫对寄主植物不是太挑剔。它们喜欢出现在人类居处附近，以荨麻、柳树、葎草和榛子叶为食。

1　直译为 C 纹蝴蝶。——译者注

♀

♂

胡麻霾灰蝶

学　名：*Maculinea teleius*，贝格施特雷瑟[1]
　　　　（Johann Andreas Benignus Bergstraesser），1779 年
德文名：Heller Wiesenknopf-Ameisenbläuling
英文名：Scarce large blue
法文名：Azuré de la sanguisorbe

　　这种蝴蝶在幼虫阶段被蚂蚁收养。某些种类的蚂蚁，尤其是粗结红蚁（*Myrmica scabrinodis*）的工蚁把胡麻霾灰蝶幼虫收集起来带入蚁巢喂养，在那里对它们比对待蚂蚁幼崽还要上心：它们甚至被喂食蚂蚁幼崽。它们在蚁巢中越冬并变成蛹，第二年初夏羽化成蝴蝶。喂养一只灰蝶幼虫需要 300 多只工蚁。把这种贪吃的客人带入蚁巢的蚂蚁在专业术语中被称为"宿主蚂蚁"[2]，因为它们就像开着一种旅馆。

　　雌蝶把卵一粒一粒地产在地榆花上。新孵化出的幼虫就像地榆花那样是紫色的，它们钻进花里，从里面往外吃。蜕过三次皮后，它们在秋天从地榆花中迁入蚁巢。

　　胡麻霾灰蝶出现在潮湿的草地、沼泽地或河流发源地的草地上——只要地榆被很晚收割，可容蝴蝶幼虫有足够时间生长就行。胡麻霾灰蝶是欧洲最稀少的蝴蝶之一。看看它们那复杂的生物习性，就不觉得这很奇怪了。这种蝴蝶上了德国和奥地利的红色名录，而且也受欧盟自然保护法的严格保护。

1　贝格施特雷瑟（1732—1812），德国教育学家和昆虫学家。——译者注
2　直译为"房东蚂蚁"。——译者注

♀

♂

白斑红眼蝶

学　名：*Erebia claudina*，博克豪森[1]（Moritz Balthasar Borkhausen），1789 年
德文名：Weißpunktierter Mohrenfalter
英文名：White speck ringlet
法文名：Moiré de Carinthie

自从这种蝴蝶在 1789 年被记录以来，它们只在奥地利 1800~2300
米高的山区被观察到过。后翅正面上的 3~5 个白色斑点是它们和其他
红眼蝶的明显区别。

这种蝴蝶的发育周期为两年。幼虫在第一次蜕皮或第二次蜕皮
后越冬，过了第二个冬天才变成蛹。幼虫以禾本植物为食，主要是
发草（*Deschampsia caespitosa*），那是一种所谓的"丛草"。丛草是指
很多草苗紧密地生长在一起，形成明显的一簇。它们非常好地适应
了微观气候环境，因为新芽在丛草中得到保护。

白斑红眼蝶一年只有一代在飞行，根据不同的气候状况，飞行
时间在每年的 7 月至 8 月之间。有些年份受天气影响，飞行时间只
有几天。白斑红眼蝶喜欢在花蜜多的草地或高山草场上飞行，那些
地方不是太干燥也不是太潮湿，一般紧挨着森林，例如落叶松林，
或者带有某种灌木丛的地区。

白斑红眼蝶的卵是白色的圆卵。产卵几天后孵化出的幼虫最初
是浅棕色，到变成蛹之前变成深棕色。幼虫到了后期是夜间活跃，
它们在紧贴地面处的丝巢内变成蛹。

---

1 博克豪森（1760—1806），德国博物学家。——译者注

♀

♂

雪红眼蝶

学　名：*Erebia nivalis*、洛尔科维奇 [1]（Zdravko Lorkovic）和
德莱斯 [2]（Hubert De Lesse），1954 年
德文名：Hochalpiner schillernder Mohrenfalter
英文名：De Lesse's brassy ringlet
法文名：Moiré du nardet

　　如果对于蝴蝶人们可以谈论耐心，那么在所有蝴蝶中最有耐心
的肯定是雪红眼蝶。这种蝴蝶在 1954 年才被记录下来，英文名中带
有发现者的名字。它们的耐心体现在，其幼虫要吃两年草料才能变
成蛹。幼虫喜欢吃低矮羊茅草，这种植物就像雪红眼蝶那样只出现
在高山树木带以上地区。

　　由于 2100 米以上地区的极端天气情况，雪红眼蝶幼虫需要两年
时间才能吃够草料去羽化成蝶。因为这种高山草地在一年内的大部
分时间里都被雪覆盖，也迫使幼虫进行很长时间的冬眠。

　　雪红眼蝶的生活空间包括植被稀少且多岩石的阿尔卑斯山麓。
这样的山麓对一名女性蝴蝶研究者来说实在是太陡峭了。

　　这种雪红眼蝶只在欧洲阿尔卑斯山脉中部地区且主要在奥地利
出现。此外，瑞士伯尔尼周围高地和意大利北部阿尔卑斯山区也有
这种蝴蝶。旅游业的发展，尤其是滑雪及相关基础设施威胁到了雪
红眼蝶的生存空间。

1　洛尔科维奇（1900—1998），南斯拉夫昆虫学家。——译者注

2　德莱斯（1914—1972），法国昆虫学家。——译者注

♀

♂

森林红眼蝶

学　名：*Erebia medusa*，丹尼斯和席费尔米勒，1775 年
德文名：Rundaugenmohrenfalter
英文名：Woodland ringlet
法文名：Moiré franconien

　　一年当中最早出现的红眼蝶是森林红眼蝶。它们的翅膀正反面图案一样，这使得它们很容易被辨认。这种蝴蝶不仅出现在高山地区，而且出现在海拔较低的地方。它们可以生存在差异巨大的环境中，例如从贫瘠的草地到花儿很多的草地再到蕨类植物丰富的森林附近地区。它们尤其喜欢有边缘特点的地方。鉴于其生存环境的多样性，森林红眼蝶在欧洲分布很广。它们的领地从法国东部经中欧延伸到西伯利亚和蒙古。只是在欧洲极北部和西班牙没有这种蝴蝶。在阿尔卑斯山北部，森林红眼蝶更多地出现在山谷中，而在阿尔卑斯山南部却出现在更高的地方。在希腊奥林波斯山和品都斯山脉（Pindos），这种蝴蝶甚至能在高达 2000 米的地方生存。森林红眼蝶往往在一年内完成发育，只有在特别差的条件下幼虫要经过两年时间才变成蛹。它们在几乎充分发育的状态下越冬，第二年春天在草茎上吐丝织成宽松的巢，在里面变成蛹。森林红眼蝶也以羊茅草和直立雀麦为食。在即将羽化之前，人们能通过变得透明的蛹壳看到蝴蝶翅膀的图案。顺便提一件逸事：1775 年被记录下来的森林红眼蝶标本来自维也纳。

♀

♂

冥王红眼蝶

学　　名: *Erebia pluto*，德普鲁纳[1]（Leonardo De Prunner），1798 年
德文名: Eismohrenfalter
英文名: Sooty ringlet
法文名: Moiré velouté

英文名很好地描述了这种蝴蝶[2]。"乌黑的"符合这种蝴蝶的外貌，很多个体是黑色的，翅膀上没有眼斑。冥王红眼蝶生活在阿尔卑斯山中部和意大利亚平宁山脉最高达 3000 米的地方，原则上只在石头之间，有时在冰川融化后露出的地面上活动。它们的发育就像很多红眼蝶那样需要两年时间。进入冥王红眼蝶所在不毛之地的人会问，它们的幼虫吃什么。显然，这种蝴蝶在植被极其稀少的岩石地区也能找到一两丛羊茅草或早熟禾。根据当地积雪消融的时间不同，冥王红眼蝶的飞行时间从 6 月中旬开始。

雄蝶优雅地在岩石地区上空滑翔飞行，寻找不太活跃的、往往趴在岩石间的雌蝶。冥王红眼蝶的飞行方式是它特有的。能看到这种蝴蝶的人很幸运，因为它们的地区性非常强。它们的卵是椭圆形的，有横纹。开始是浅黄色，在快要孵化前几乎变成淡蓝色。雌蝶把卵一粒一粒产在石头上。幼虫在石头下面结茧成蛹。在云层很厚的时候，冥王红眼蝶展开翅膀趴在石头或岩石上取暖。有时，它们在潮湿的地面上吸食。

1　德普鲁纳（生年不详—1831），意大利昆虫学家。——译者注
2　英文名中的"sooty"，意为"煤烟熏黑的，乌黑的"。——译者注

♀

♂

158

图片说明

第 3 页图片说明：
耶罗尼米斯·博斯 1500 年前后所画《人间乐园》三联画之"地狱之翼"场景。

第 6 页图片说明：
选自 1840 年佩斯出版的格奥尔格·弗里德里希·特赖奇克所著《欧洲蝴蝶自然史》插图 3。（位于多瑙河左岸的城市布达和古布达以及右岸城市佩斯在 1873 年合并成布达佩斯。——译者注。）

第 10 页图片说明：
荨眼蝶。选自 1934 年莱比锡出版的雅各布·许布纳所著《蝴蝶小词典》（*Das kleine Schmetter-lingsbuch*）。

第 14 页图片说明：
选自 1705 年阿姆斯特丹出版的玛利亚·西比拉·梅里安所著《苏里南昆虫变态图谱》插图 52。

第 20 页图片说明：
选自 1795 年伦敦出版的威廉·勒温〔William Lewin（1747—1795），英国博物学家和插画家。——译者注〕所著《大不列颠的蝴蝶》插图 34。

第 25 页图片说明：
法国油画家威廉-阿道夫·布格罗 1895 年所画《幸福的灵魂》。

第 28 页图片说明：
选自 1863 年斯图加特出版的弗里德里希·贝尔格〔Friedrich Berge (1811—1883)，德国博物学家。——译者注〕所著《蝴蝶词典》（*Schmetterlingsbuch*）插图 9。

第 30 页图片说明：
孔雀蛱蝶。选自 1838 年纽伦堡出版的《德国最著名的蝴蝶一生三个时期的插图和描述》（*Abbildung und Beschreibung der bekanntesten Schmetterlinge Deutschlands nach Ihren drey Lebens-Perioden*）。

第 35 页图片说明：
选自 1865 年出版的 C. H. 帕特（C. H. Pathe）所著《桑叶和蚕的各个发育阶段》（*Maulbeerblätter mit Seidenraupen in allen Entwick-lungsstadien*）。

第 41 页图片说明：
山楂，芸薹。选自雅各布·许布纳 1790 年出版的《欧洲蝴蝶史》。

第 46 页图片说明：

选自 1764 年至 1768 年间荷兰哈勒姆出版的奥古斯特·约翰·勒泽尔·冯·罗森霍夫［August Johann Rösel von Rosenhof（1705—1759），德国微型画家、博物学家和昆虫学家。——译者注］所著《昆虫自然史》（De natuurlyke historie der insecten）插图 46。

第 49 页图片说明：

扬·凡·凯塞尔大约在 1660 年至 1665 年间所画《昆虫和果实》。

第 55 页图片说明：

选自 1829 年至 1839 年莱比锡出版的欧根·约翰·克里斯托夫·埃斯佩尔所著《蝴蝶写生图谱大全》插图 5。

第 57 页图片说明：

卡尔·施皮茨韦格 1840 年所画《捕蝴蝶的人》。

第 62 页图片说明：

马蹄铁巢菜，选自 1778 年维也纳出版的尼古劳斯·约瑟夫·冯·雅坎［Nikolaus Joseph von Jacquin（1727—1817），荷兰科学家，研究医学、化学和植物学。——译者注］

所著《奥地利植物志》（Hippocrepis comosa）。

第 66 页图片说明：

1876 年至 1878 年巴黎出版的 J. 罗特席尔德（J. Rothschild）等人所著《昆虫学插图博物馆：昆虫的图像学自然史》（Histoire naturelle iconographique des insectes）插图 6。

第 70 页图片说明：

选自 1764 年至 1768 年间荷兰哈勒姆出版的奥古斯特·约翰·勒泽尔·冯·罗森霍夫所著《昆虫自然史》插图 45。

第 78 页图片说明：

蝴蝶的季节二型性（saisondimorphismus，指同一种生物在不同季节出现两种相异性状的现象。——译者注）选自 1910 年至 1914 年莱比锡和柏林出版的 R. 黑塞［Richard Hesse（1868—1944），德国生态学家。——译者注］和 F. 多弗莱茵［Franz Theodor Doflein（1873—1924），德国动物学家，以动物生态学研究而闻名。——译者注］所著《动物巢穴和动物生活——从它们的关系之中来观察》（Tierbau und Tierleben in ihren

Zusammenhang betrachtet）。

第 86 页图片说明：
优红蛱蝶。选自 1934 年莱比锡出版的雅各布·许布纳所著《蝴蝶小词典》。

第 90 页图片说明：
"泽西虎"。选自 1934 年于瑞士纳沙泰尔出版的保罗 -A. 罗伯特［Paul-André Robert（1901—1977），瑞士插画家和博物学家。——译者注］所著《野外的蝴蝶》（*Les papillons dans la nature*）。

第 96 页图片说明：
欧洲粉蝶和菜粉蝶。选自 1934 年莱比锡出版的雅各布·许布纳所著《蝴蝶小词典》。

第 101 页图片说明：
眉眼蝶属 8 种蝴蝶。1853 年伦敦出版的威廉·查普曼·休伊森［William Chapman Hewitson（1806—1878），英国博物学家。——译者注］所著《异域蝴蝶新种图解》（*Illustrations of new species of exotic butterflies*）。（注：正文 95 页图片说明用的是非

洲蔽眼蝶属，此处用的是眉眼蝶属。——译者注）

第 104 页图片说明：
袖蝶属。图片选自 1853 年伦敦出版的威廉·查普曼·休伊森所著《异域蝴蝶新种图解》。

第 110 页图片说明：
荷兰画家扬·戴维茨·德希姆 1650 年至 1683 年间所画《玻璃瓶中的静物花朵》（*Stilleven met bloemen in een glazen vaas*）细部。

第 117—121, 127—157 页图片说明：
选自《柯林斯蝴蝶指南》（*Collins Butterfly Guide*, 2008），插图由理查德·莱温顿（Richard Lewington）所画。

第 123、125 页图片说明：
插图为法尔克·诺德曼（Falk Nordmann）所画。

作者简介：

安德烈娅·格里尔在萨尔茨堡学习
生物学，后来在阿姆斯特丹大学取得博
士学位，当时研究的课题是撒丁岛地方
蝴蝶的进化。她还创作小说、散文和诗歌，
能翻译阿尔巴尼亚文作品，目前在维也
纳大学研究并教授进化生物学。

译者简介：

聂立涛，2001年毕业于北京大学德
语系，现为媒体从业者。

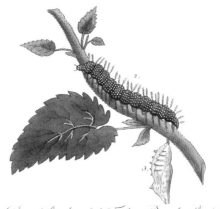

1.Der Rothnessel Falter.Papilio &c.Lin
2.Raupe. 3.Puppe.

Großes Ochsenauge m u. w (1, 2, 3)

Schwarzer Trauerfalter (4, 5)

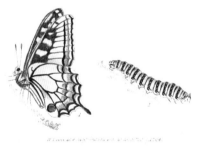

图书在版编目（CIP）数据

蝴蝶／（德）安德烈娅·格里尔著；聂立涛译 .—
北京：北京出版社，2022.10
（博物学书架）
ISBN 978-7-200-13616-6

Ⅰ.①蝴…Ⅱ.①安…②聂…Ⅲ.①蝶—普及读物
Ⅳ.① Q964-49

中国版本图书馆 CIP 数据核字（2017）第 310940 号

策 划 人：王忠波　　　　学术审读：刘　阳

责任编辑：王忠波　　　　责任营销：猫　娘

责任印制：陈冬梅　　　　装帧设计：吉　辰

· 博物学书架 ·

蝴蝶
HUDIE

（德）安德烈娅·格里尔　著　聂立涛　译

出　　版：北京出版集团
　　　　　北 京 出 版 社
地　　址：北京北三环中路 6 号
邮　　编：100120
网　　站：www.bph.com.cn
总 发 行：北京出版集团
印　　刷：北京华联印刷有限公司
经　　销：新华书店
开　　本：880 毫米 ×1230 毫米　1/32
印　　张：6
字　　数：86 千字
版　　次：2022 年 10 月第一版
印　　次：2022 年 10 月第一次印刷
书　　号：ISBN 978-7-200-13616-6
定　　价：68.00 元

如有印装质量问题，由本社负责调换
质量监督电话：101-58572393

著作权合同登记号：01-2017-7315

First published in the series Naturkunden, edited by Judith Schalansky for Matthes & Seitz Berlin